高等院校艺术设计专业精品系列教材

"互联网＋"新形态立体化教学资源特色教材

产品造型设计

Product Modeling Design

杨融　编著

中国轻工业出版社

图书在版编目（CIP）数据

产品造型设计／杨融编著. —北京：中国轻工业
出版社，2022.5

ISBN 978-7-5184-3211-0

Ⅰ. ①产⋯ Ⅱ. ①杨⋯ Ⅲ. ①工业产品–造型设计
Ⅳ. ①TB472.2

中国版本图书馆 CIP 数据核字（2020）第 189044 号

责任编辑：李　红　　责任终审：李建华　　整体设计：锋尚设计
策划编辑：毛旭林　　责任校对：吴大朋　　责任监印：张京华

出版发行：中国轻工业出版社（北京东长安街6号，邮编：100740）

印　　刷：艺堂印刷（天津）有限公司

经　　销：各地新华书店

版　　次：2022年5月第1版第2次印刷

开　　本：870×1140　1/16　印张：8

字　　数：220千字

书　　号：ISBN 978-7-5184-3211-0　定价：49.80元

邮购电话：010-65241695

发行电话：010-85119835　传真：85113293

网　　址：http://www.chlip.com.cn

Email：club@chlip.com.cn

如发现图书残缺请与我社邮购联系调换

220136J2C102ZBW

前言

　　"产品造型设计"是工业设计、产品设计专业的核心课程。也是与机械类（如机械设计制造及其自动化、机械电子工程等）、其他艺术设计类（如环境设计、视觉传达设计等）关联度高，有利于毕业生增强职业能力,拓宽职业路径的有益知识模块。

　　作者于1998年5月至2013年8月在武汉邮电科学研究院（烽火科技集团）从事通信产品结构设计和造型设计，2013年8月至今在梧州学院从事工业设计专业教学工作。本书是作者多年工作经验和学习积累的总结，采取先总后分，再综合的编写体系，系统介绍了产品造型设计实施原理。即先总论工业设计与产品造型，总体介绍产品造型设计实施纲略；然后，分章节、结合丰富例证，对其中涉及的知识模块展开介绍；再综合应用，详细解读产品造型设计实施原理；最后，通过多种产品造型设计案例，介绍原理的具体应用过程。

　　篇尾附有产品造型设计课程导引，章节中间适时安排有对应内容涉及的术语与扩展知识点介绍，章节后安排有本章小结及思考题，以利于课程学习、完善知识结构。

　　本书可作为工业设计、产品设计等专业的本科课程教材和机械设计制造及其自动化、机械电子工程、环境设计、视觉传达设计等专业的选修课教材。也可作为职业院校相关专业的教学参考书和企业产品造型设计师、产品结构工程师、产品研发管理者等产品研发人员的培训资料或工作参考书。

　　敬请读者指正其中存在的错误与不足。

编著者

2020年7月

目录

第1章
产品造型设计总论

PPT 课件

现代生活离不开家电、家具、交通工具等器具，企业生产离不开相应的作业装备。这些大批量生产的工业产品种类繁多，产业体量巨大，急需海量产品造型设计人才助力其高质量的设计开发过程。

1.1 产品设计开发与现代工业设计思想

从提出设计任务到完成齐套技术资料的整个期间，称为产品设计阶段。

根据产品设计阶段得到的技术文件，开始生产样件、装配样机，以及对其展开测试、评审，直至获得可以大批量生产、供应市场的合格样机的整个期间，称为产品开发阶段。

一般来说，形成部分设计文件后，就可以开始试制其中的某些样件或模块了。即产品设计进行到一定时段后，产品开发开始与其并行，故又统称为产品设计开发。

制造商需要利润，客户需要可靠、宜用、美观、价格合理的产品，社会环境资源需要可持续发展，即产品设计开发过程须实现各方利益最大化。所以，系统优化是产品设计开发取得成功的必经途径，是现代工业设计思想的核心。

展开来讲，现代工业设计思想，即以产品造型设计为载体，在由各种专业人员组成的产品设计开发团队中，通过追求技术进步与相关资源的最佳配置，引领合理地选择与组织相关技术、资源的复合应用，创造满足人类物质和精神需要的产品、服务和环境，使技术、资源的应用效益最大化，获得最佳投入与综合产出比，并传播高尚文化。

现代工业设计思想的要项层递关系如图1-1所示。

成功的设计开发，需要工业设计师向全员宣贯现代工业设计的系统优化思想。

产品设计开发虽然由团队成员，协同应用各种专业知识，但在工业设计牵引力的作用下，产品开发的结果，就像这些知识来自同一个大脑，实现产品系统并行优化，即功能合适；造型简洁、合理、新颖；结构轻便、节约、安全、可靠、宜用。

而且，造型、结构与功能，相互支持、相互促进、相互成就。每一份资源的投入，都有理想的回报；每一个造型特征，都设计有包含美的创造在内

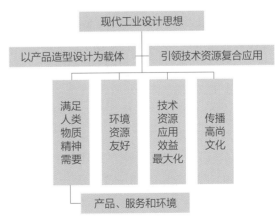

图1-1 现代工业设计思想的要项层递关系图

的相应，甚至多重产品功能或性能的优化。

如图1-2所示，流畅的曲面轮廓过渡与变化，呈现了美观的圆润造型，改善了塑料注射过程的流动性，有提高结构强度、便于使用等优点。

工业设计，资源效益——这是工业设计应用水平成熟的标志。

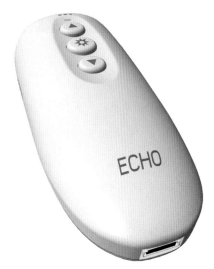

图1-2　造型特征包含多重并行优化示例

补充要点

▶ **产品**

凡是人为且具有预设功用的结果，均可称为产品，包括有形的人造物和为用户提供的服务。但在本书中，"产品"专指面向普通消费者，具有特定实体结构，以完成信息和能量转换、为人类生活提供便利，并且由现代工业批量化生产的商品。

▶ **系统**

是由若干相互联系、相互作用的组成部分结合而成，具有某种功能的整体。

可以按不同的维度对系统进行分类。

系统是有层级的，系统的组成部分是其子系统，同时，系统又是其所属更大系统的子系统。

比如，一种产品即是一种系统。按组成关系，产品可分为功能、结构、造型等子系统；按能量信息流，产品可分为输入、能量信息转换、输出等子系统。

▶ **产品系统优化**

指对产品各子系统，按照其相互作用关系和相关技术规律，进行同步关联调整，以获得最优的综合性能。也称产品系统并行优化。

1.2　产品造型是工业设计的核心业务

在产品设计开发过程中，工业设计师通过宣贯现代工业设计思想，引领完成产品系统并行优化，实现各方利益最大化，为人类创造高尚生活品质。

生活品质依赖于人们日常活动中所需的各种各样的高品质的产品，以及人们对产品品质的认知水平（社会审美文化的主体部分）。

工业设计师须掌握产品实现工业过程的基础知识，通过及时开启团队成员之间的业务提议、沟通与合作，实现工业设计思想对产品开发全程的主动牵引。其中，产品造型设计是由工业设计师完成的。

产品造型，是工业设计师团队引导产品设计开发过程，践行现代工业设计系统优化思想，遵循工业技术规律，并结合产品美学，完成产品内部功能模块与产品外部结构，协同优化的结果。

合格的工业设计师，当然也可以参与或主导企业整体品牌规划设计，以及具体的产品包装、业务广告等市场营销相关活动。因为完成产品造型设计所需掌握的知识技能体系，涵盖并超出了以上业务内容的需要。产品造型设计需要复合应用多学科知识、多种业务能力，其复杂度和难度，均高出其他相关业务太多，具有更高的职业门槛，同时，要创造产品设计开发过程的最优价值。

随着社会发展、时代进步，人们生活需要的产品越来越多，对产品品质的要求越来越高，产品制造业体量越来越壮大。产品造型设计，不仅提供海量社会急需，且与工业设计专业相称职业门槛的就业岗位，还满足大众审美需求，引导、促进社会健康审美文化。

概括而言，产品造型设计是工业设计专业的核心业务（图1-3）。

图1-3 产品造型设计——工业设计专业的核心业务

☆ 相关知识

▶ 复杂度和难度

复杂度和难度，是区分任务过程属性的两个最基本的指标。

复杂度，又称繁度，指某项任务的内容数量。

难度，指完成某项任务，所需掌握与应用的知识技能体系的难易程度。

完成复杂度高的任务，需要投入较多的时间，需要耐心细致。难度高的任务，只有拥有或善于学习应用对应知识技能的专业人员才能完成。复杂度高，难度不一定高，比如清扫城市卫生。难度高，复杂度不一定高，比如高台跳水。难度决定了从事某种职位的职业门槛：难度高，职业门槛就高；难度低，职业门槛就低。

复杂度与职业门槛没有关系。因为难度，决定了对应职位的相对价值；单凭复杂度，不能决定对应职位的相对价值。

工业设计，是一个复杂度和难度均较高的专业。因为其核心业务——产品造型设计，具有较高的复杂度和难度。

产品造型设计，需要跨越工学（产品实现工业流程知识）和艺术学（产品美学）等多学科知识技能体系的复合应用——不是拼列，因而有较高的职业门槛。

对于在校生来说，学习及理解复杂度和难度的概念，明确区分课程复杂度和难度的对应属性，有助其提高学习信心，采取正确的学习方法，及时制定和完成相应的学习计划，达到更好的学习效果。

复杂度高而难度低的课程，只需花费时间和耐心。比如软件工具。

工业设计专业的学生，需要学习并熟练应用Cero等工程软件，其他平面效果图软件，以及部分动画工具。它们包含大量的命令，内容繁多，但也只是复杂度高，并没有难度。因为学生只要有计划地安排足量的课余时间，按照教程或学习网站的视频资源，持续学习、反复练习，就可以在一定时间内达到熟练应用的程度。

而难度高的课程，无论其是复杂，还是简单，首先都需要寻求正确的学习方向和合适的学习内容、想要掌握合理的学习方法，这往往需要科学的教学材料，并在老师的指导下才能完成；仅靠个人摸索，很难达到理想的学习效果。

同时，在科学技术领域，相关规律具有相对稳定性。其"难度"的核心，在于选择正确的学习方向、内容和方法，有了以上这些学习条件后，学业上的进步就是必然的。

▶ 职业门槛

职业门槛，即从事某一职业，须具备的最低条件。

各种媒介中的招聘广告，都会对招聘岗位列出若干聘职条件。这些条件，就是相应岗位职业门槛的具体化。

需要注意的是，由于行业具体情况及相关人员的认知不同，对相同名目的职位，列出的聘职条件可能不同，甚至有很大差异。其中也不能排除有不合理的要求：职位需要的条件没有列全，或者列出了并非职位必须的条件。针对某一职位，满足职业门槛即可，并非条件越高越好。因为高条件从事低职位，会造成浪费，而且不仅仅是浪费某一个人的才能，更重要的是浪费团队的力量。若在合适的职位，其可以为团队贡献更高的能量；而在低职位，不仅限制其个人能量的发挥，往往会发生其意志之外的掣肘、内耗。

不同的职业门槛，对应不同的劳动报酬。一个行业，如果职业门槛高，工作待遇自然也高。产品造型设计是工业设计的核心业务，因为需要以产品美学和工业流程知识为主体的多学科知识技能的复合应用，因而职业门槛较高。又因为产品造型设计引导完成系统优化，创造产品开发最优价值，所以，产品造型设计师享有优厚待遇。相应地，大学工业设计教育，须通过制定和实施科学的培养方案，使工业设计专业毕业生具备产品造型设计的专业核心能力。

否则，毕业生走入社会后将不能满足从事工业设计的职业门槛。

大学工业设计专业教育，必须围绕工业设计的核心业务，培养学生从事产品造型设计的能力。在完成产品造型设计通识教育的前提下，可以进一步延展，更多地围绕地方支柱产业，或某些市场容量大、社会需求旺、就业质量高的业务内容，诸如交通工具设计、家用电器设计、家具设计、作业装备设计等，拓展细化工业设计专业办学方向，更进一步细化到诸如汽车造型设计等子类别产品方向（图1-4）。

家用电器

交通工具

家具

作业装备

图1-4　工业设计专业方向——不同类别的产品造型设计

1.3 产品造型与审美文化

产品造型设计与社会审美文化相互影响，但不是一种对等的、平衡的影响。

产品造型本身就是审美文化的重要成分，且体量庞大、影响广泛。作为美的创造者，产品造型设计师在这种相互影响中处于更有力的一方（图1-5）。

人们的审美意识来源于生活实践中的经验。包括通过各种途径接触的自然环境、人造物质产品和精神产品，接受的各种教育，以及人们对以上内容的感悟、思考和积累。

由于人们的日常生活近乎须臾也离不开批量化生产的工业产品。因而，产品造型对人们的审美意识，起着关键作用。

在人们日常接触、使用产品的过程中，产品造型就是现成的教材、即时的教学。好的产品造型设计，引导人们形成正确的审美意识，促进健康的审美文化。相反，坏的产品造型设计，则干扰人们已有的审美认知，延误人们形成正确的审美意识，破坏健康的审美文化，滋生落后，甚至变态的审美怪癖——猎奇与跟风。健康的审美文化，会促进即时、顺利、正确地判别产品造型设计优劣的能力发展，从中选取优秀产品，满足人们的审美需求，同时又实现资源效益最大化和可持续发展。

此外，还有相当重要的一方面，即提升优秀产品造型设计力量的影响，使设计师具有更好地创造状态，对社会做出更大的贡献；限制劣质产品造型

扩散，阻止其对人们精神生活的干扰，鞭策不具备产品造型设计能力的从业人员尽快提升自我。

爱美是人的天性。假设没有外界刻意的人为影响，人们在生活实践中的感悟积累会成为一种审美经验，可以逐渐产生、积累相当的审美认知，并在继续活动中，对其进行自我修正提高，形成一定水平的正确审美能力；同时开始渐次行使对外界的审美评判，包括对产品造型的审美评判。

然而，为满足生活所需，人们不可能避免受到外界的影响，尤其是以影视、音乐为主要内容的文艺思想、文艺作品，及以批量化生产的工业产品为主体的生活、工作用品的影响。

由于文艺作品是纯粹的审美载体，并且是人类生活内容的反映，人们根据自己的知识、思想和经验，对其开展审美活动。从下里巴人到阳春白雪，人们各取其乐；并且也会渐次动态地变换、提高审美认识，更新追逐欲望。其中的层次区别与利害，往往一目了然，很容易判别。

但批量化生产的工业产品，不是纯粹的审美载体。实用功能是其存在的前提条件和首要意义，而且工业产品的实现过程，需要遵守相关生产技术规定。

因而，无论是工业设计师进行产品造型设计的审美创造，还是产品开发团队和消费者对产品造型的审美评判，都是一种涉及多学科知识的综合应用，已不再是一件轻而易举的事。

产品开发团队中的其他专业人员和普通消费者，对产品造型设计涉及的产品美学和产品实现工业工程等知识很难做到充分了解。因而，也很难判别产品造型设计过程中，对相关知识的应用是否合理。

当他们试图全面、透彻地认知某种产品造型设计的程序质量，进而给出评判意见时，会面临很多局限，需要克服很多困难，往往难以实现。

由于工业设计师的专业人员身份，在复杂的评判过程中，使力不从心的评判者产生了惰性，即使对设计师的解说有疑问、迷惑，即使面对的产品造型与自己以往的审美认知有冲突，也一时难以分辨

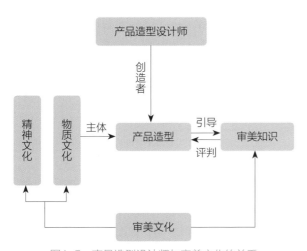

图1-5 产品造型设计师与审美文化的关系

清楚。然后，可能盲从设计师的说法。

所以，作为产品造型的设计者和审美文化建设的有力一方，工业设计师团队需要持续学习，科学设计，以优美、卓越的产品造型设计丰富市场，引领健康的审美文化。这是工业设计师的社会责任，更是职业使命。

⊠ 相关知识

▶ 关于审美中的"仁智之说"

每当对某一问题意见不一、争执不下时，往往会有人道出诸如"仁者见仁，智者见智""各自都有一定道理，只是观点不同而已"的说辞。有关审美中的争论更是常见，也往往更难取得一致意见；这时若有仁智之说，大家便习以为常，或无奈接受，导致事情不了了之。

所有的争执，都是为了力图取得各方满意的结果，广义上说，都属于审美评判。

那么，如何看待审美中的"仁智之说"呢？

首先，"仁智之说"耽误得出正解。

真相只有一个，"仁智之说"本质如同盲人摸象。为什么不能仁智综合统解，全面系统地分析问题，得出合理的解答呢？

▶ 这里可分为以下三种情形

一是发生争执的各方中，没有一方能全面分析问题，给出令人信服，或不能被据理反驳的结论；而且短时间内也不能改变这种状况。这时的"仁智之说"可以让大家暂时缓和、冷静下来。但必须明确问题还没有结论，各方应创造条件，继续研究探讨。必要时，也可由责任人做出折中结论，但需要明白这样做必然存在风险。

二是发生争执的各方中，有一方能够全面分析问题；只是争执中被发现有疏漏，适当补充研究，即可给出令人信服的结论。这时的"仁智之说"就会忽略积极力量原本很有希望得出的正解，耽误或终结事情的进程，损害团体的利益。此时若仓促下结论，尤为惋惜。

三是发生争执的各方中，有一方能够并且已经对问题完成全面分析，可给出令人信服，或不能被合理地反驳的结论。如果再有"仁智之说"，那就是明目张胆搞破坏。这时应该给积极的一方更为充分的机会，允许其把问题情节细致展开、透彻说清，贡献正能量，提高团队的认识与力量，最终获得最大化的团体利益。

"仁智之说"除了耽误得出正解，还阻滞、误导大家的认知，使某些人员产生或强化其固有的"仁智之说"。

总之，真相只有一个。"仁智之说"最多只能算作权宜之论，从来不是问题的最终答案。

人心向美，不能停留于"仁智之说"。

工业设计担负着创造与促进审美文化发展的职业使命。工业设计专业的学生及工业设计从业人员应细心探索，追求正解，弘扬真义；积极学习、掌握现代科技手段、提高产品造型设计能力，将来为市场提供足够丰富、造型优美的工业产品；让它们走进千家万户，成为寻常百姓家中的审美向导，帮助消费者提升审美能力、享受高尚生活品质，创造文明和谐的生活，增强民族综合实力。

1.4 产品造型在市场竞争中的重要性

人类活动离不开各种产品的支持，无论衣食住行、工作研究、教育学习、休闲娱乐、医疗保健等，同时人们都向往享受全面的美的体验。

美的产品从来就深受消费大众的欢迎与追捧。

在市场竞争中，产品造型一直是影响胜负的直接和关键因素。尤其在当下，很多时候，消费者就是根据产品造型产生消费意向，做出购买决定；产品造型其实已经成为企业市场竞胜的决定性因素。在市场竞争中，因为产品造型设计差，而黯然出局的案例数不胜数。

产品造型设计对产品市场表现的影响有以下几个方面：

（1）**好的产品造型吸引优质客源，并会聚形成销售规模。**在产品销售中，有很多因素影响着现实客户和潜在客户的消费意向及购买选择。这里为简化分析模型，暂时不考虑其他因素（进一步分析时扩充列入价格等更多因素），只分析产品造型对消费者的影响。

在市场上，对具体的某种产品造型，不同的人群也有不一样的认知评判。可以将其分为三种：第一种是有正确的审美能力，可以独立、准确评判产品造型的好坏；第二种是有部分正确的审美能力，可以部分地评判产品造型的好坏；第三种是还没有正确的审美能力，不能评判产品造型的好坏。

这三种消费者的消费过程是怎样的？最终又会产生什么样的市场销售结果呢？

第一种消费者会独立评判出好的产品造型，且可以独立分辨意见对错，不受误导。

第二种消费者一般会寻求更多帮助，对参考意见有一定的分辨能力，并从中汲取营养，丰富、提高独立审美评判力。其最终做出正确选择的可能性很大，至少做出明显错误选择的可能性很小。

第三种消费者不能做出审美评判，甚至不会寻求帮助意见；即使获得帮助意见，其分辨参考意见对错的能力暂时也还较弱。或许能从中汲取一些营养，但其独立审美评判力还需要一个相对长时间的积累过程。其最终做出正确选择的可能性很小，

做出明显错误选择的可能性却很大，甚至是盲目选择。

因为正确的造型遵循科学的创造与审美规律，因而，懂美的客户群做出正确的选择——一致的选择，形成累积。

错误的造型不遵循或没有完全遵循科学的创造与审美规律，懂美的客户群会立即放弃；暂时还不太懂美的客户群由于不能完全看清，其做出的错误选择必然是发散的。相比之下，不能形成等效累积。

有正确审美评判能力的消费者的一致购买选择产生的叠加累积效应（这种效应也会促进其他消费者做出跟随选择），使得优秀产品造型在市场竞争中的销售总量胜出。

况且，一种产品，不是说只要有人喜欢，有人愿意购买就有生命力，就可以在市场上存在。没有一定的销售规模，企业不要说想靠该产品赚得利润，甚至连成本也难以收回。综上所述，完全可以得出，好的产品造型可以促进形成销售规模，在市场竞争中获得胜利（图1-6）。

（2）**好的产品造型性价比高，具有更好的价格竞争力。**在生产过程中，由于美的生成遵循技术规定性，所以还具有功能定义合理、生产工艺性好、耗费原料和能源少、实际成本低的优势。而低劣的设计则相反，往往不遵守技术规律，无意识之中早已致使生产工艺性差、原料和能源消耗大，导致实际成本畸高。

在市场上则呈现以下景象：某些形式美观的产品虽然制造成本较低，但因为设计赋予其美观、

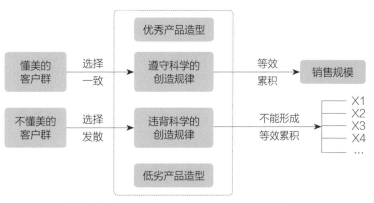

图1-6　好的产品造型可以促进形成销售规模

宜用等更多附加价值，价格相应较高。而且，消费者不但愿意购买，内心还感谢设计师以才智为社会做出的贡献。而造型低劣的产品则相反：即便制造成本偏高，可由于视觉效果丑陋，使用不便，不但难以被消费者接受，还会降低人们对专业价值的认同。

（3）好的产品造型设计引起大众关注与传播，提升品牌知名度与美誉度。在市场选择中，普通消费者处于被动地位——他们不可能根据自己的意愿，要求厂商定做，只能在市场上已有的产品中选择。只要市场上多一种好的造型的产品，消费者就能获得更多一次审美教育的机会。他们从中渐次提升审美认知，获得更多的审美体验，享受更多的精神欢乐，更多地接近高尚生活。所以他们会由衷激赏工业设计师的卓越才华，感谢产品开发团队的成功实践。他们会自发地交相传播好产品，品牌知名度和美誉度就这样在厂商无明显感觉中产生了。

好的产品造型设计吸引、会聚拥有正确审美评判能力的优质客户。他们同时具备良好的综合素质、较高的职业能力，他们追求更高品质的生活，具有更强的消费欲望和更充分的购买力。这些习惯拥有高尚生活品质的消费者的购买行为有很强的导向作用，也会快速促进更多普通消费人群做出正确选择，加速他们对优秀产品造型的自发传播。

总之，好的产品造型设计就是最好的广告。

现在的市场，单凭产品功能显然竞争乏力，除非一家产品独供市场。信息时代，全球竞争，这种情况出现的概率太小了。由于网络通信发达、技术知识传播的即时性，现实中往往是单凭产品功能不但不能形成竞争力，同行竞商在功能、品质属性上反而越来越趋同，就连显著差别都难以形成，产品造型成了决胜性竞争力。因而，产品提供商越来越重视工业设计在产品设计开发过程中的应用，工业设计系统优化还能带来技术资源综合效益的提升。

1.5 人才市场对合格产品造型设计师的渴求

现在的人才市场，对合格产品造型设计师可谓极度渴求。这种状况是由以下两方面原因造成的：一方面是海量的产品造型设计岗位人才需求；另一方面是合格的工业设计毕业生供应的极度缺乏。

我国是人口大国，也是消费大国、产业大国。信息时代，绝大部分产业市场早已全球化，太多产业领域的竞争随之全球化并日趋普及深化。国内市场容量巨大，已足够消化可观的产业能力，尤其是批量化生产的、直接供应普通消费者和社会组织的生活用品及工作装备。

当下，技术进步快，信息普及，竞争激烈，幻想一家产品独供市场，近乎痴人说梦。太多产业要么技术成熟，要么核心器件共享——都来自若干家国际供应商，产品功能同质化日趋严重。能否在市场胜出，取决于产品造型能否满足人们的审美需求，以及能否引导消费者提升审美能力。

我国正从制造大国向创造大国迈进，但工业设计对经济的助推力还远未发挥出来。众多生活用品和作业装备的制造商，提供海量的产品造型设计就业岗位，急需产品造型设计人才加盟助力。

工业设计等专业的教学内容应该服务于产业发展的内核需要，切合产品设计开发的具体过程，培养毕业生产品系统优化的造型设计能力。

目前，国内本科院校有工业设计、产品设计专业涉及产品造型设计教育。根据高校门户网站不完全统计，开设此类专业的院校总数已在800所以上。产品造型设计人才需求缺口很大，需要更多学生学习与产品造型设计相关的专业，高等院校多开设对应专业是有必要的。

◎ 本章小结

> 系统优化是产品设计开发取得成功的必经途径，是现代工业设计思想的核心。产品造型设计是产品设计开发过程中践行现代工业设计思想的载体，牵引产品系统优化的引擎。其承载着从企业市场竞胜、环境资源可持续发展，到促进社会审美文化等工业设计专业对人类生活接近全部的影响。

○ 思考题

1. 为什么说产品造型设计是工业设计的核心业务？
2. 请结合自身经历，谈谈产品造型设计对社会审美文化的影响。
3. 产品造型质量的优劣是如何影响市场销售的？

PPT 课件

为获得最优的产品综合性能，产品造型设计融合于产品设计开发总体过程中，服务于实现现代工业设计系统优化思想主导下的产品设计开发的科学目标。

2.1 现代工业设计系统优化思想主导下的产品设计开发目标

2.1.1 环境资源友好

2.1.1.1 无污染、低污染，易降解

通过创新、优化技术工艺路线与装备，放弃或替代有毒、重污染的原材料、中间介质和工艺手段，使产品在全生命周期内，都没有危害人类和环境的毒性与污染物排放，或将其降低到相关标准允许的范围内。废弃产品不能重复利用的部分要易降解。

2.1.1.2 低资源能量消耗

通过产品功能技术实现途径，包括产品材质、形状、尺寸、表面属性、装配工艺以及产品包装、运输、安装、使用与维护方式的选择与创新优化设计，降低产品生命周期内的资源、能量消耗。

2.1.1.3 易回收重复利用

包括回收部分功能模块、零部件后直接重复利用，或经适当处理后重新使用；整机拆解、分类，重新加工成新原料再循环利用。

通过对产品生命周期前期进行相关设计，实现重复利用的可能性，降低难度，并扩大再利用的程度和范围。

2.1.2 功能配置适当

一般来说，产品设计都有目标用户群。要通过日常生活研究积累对目标用户群展开充分调研。同时，要关注一般人群，关注社会环境、关注科技进步。在充分发现目标用户群的现实需要，补充取舍其可能与潜在需要的前提下，做出适当的功能配置。

2.1.3 生命周期内可靠、宜用

产品可靠性包括功能可靠、装配可靠、强度可靠、安全可靠和操作可靠等内容，如图2-1所示为一种强度试验机。

关注目标用户生理参数、生活习惯与心理特征，尽量使产品适宜目标用户学习、记忆和操作，实施有可能的防错措施；尽量促进目标用户健康成长，使其获得美好的产品应用的生理与心理体验。

2.1.4 高性价比

好的产品不仅看起来美观，用起来舒服；同时

由于美的生成遵循技术规定性，所以还具有生产工艺性好、实际成本低的特点。而低劣的设计则相反，往往不遵守技术规律导致实际成本畸高。总之，应以优秀、合适的产品设计，引导大众和目标用户群理性消费，不过度设计，通过创造综合产品美，提升产品附加值，以高性价比满足目标用户的实际需要。

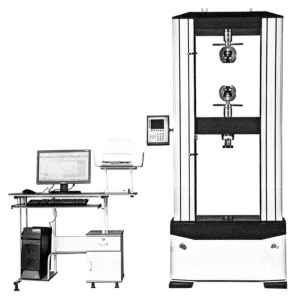

图2-1　产品整机和零部件强度试验机

2.1.5　形式美观

产品外观要简洁、合理，有整体感、新颖（图2-2）；产品色彩设计应合理。

产品设计开发的科学目标不是分离并列的。工业设计师通过完成造型设计，推动产品设计开发全程，践行现代工业设计系统优化思想，引领产品开发科学目标共生共促、并行达成。

图2-2　造型美观

2.2　产品（造型）设计开发工作流程及产品设计开发团队组织结构

为了达成系统优化，产品造型设计是一个融合于产品总体设计开发中的过程。

2.2.1　产品（造型）设计开发工作流程

2.2.1.1　提出设计任务

在企业实际的产品设计开发实践中，一般是由产品规划部门提出设计任务，通过对业务发展和市场信息进行综合分析后完成。

新的设计任务按其能为人类提供的功能属性，分为功能改进（一般是针对某一应用场景，或某类目标人群，对已有产品功能完善优化，如图2-3所示），功能组合（指将已有的、不同功能的产品，组合成一种新产品，如图2-4所示）和功能创造（指有重大功能性革新，如图2-5所示。广义上，功能改进

和功能组合，也属于功能创造）。

2.2.1.2　定义设计任务

首先进行功能定义，主要是拟定产品功能、技术指标。再根据议定的任务内容和人力资源条件，选组设计开发团队成员。然后，即可制定进度计划，包括项目总进度和各个子项目的关联节点进度。

2.2.1.3　产品方案设计

产品方案设计包括产品功能实现原理设计、产品造型设计和产品结构设计。

首先进行产品功能原理技术路径设计，即设计或选定技术实现具体路径，确定相关参数的数值（在前面的定义设计任务阶段，一般会涉及产品功能实现原理的大体方向）；其次进行产品造型设计；最后

进行产品结构设计。

产品功能原理设计对后续的产品造型设计和产品结构设计提出要求，同时也提供信息。

产品造型设计不但需要满足产品功能的要求，还要考虑和优化产品结构的性能和制造工艺，对产品结构设计提出要求和提供信息。必要时反馈有关产品功能的信息。

产品结构设计需要依照产品造型设计，进一步确定整机装配顺序和连接方式，完成产品零部件结构设计。同样也需要满足功能要求。必要时，反馈有关产品功能和产品造型的信息。

产品方案设计分步概要如图2-6所示。

2.2.1.4　试制样机

完成产品方案设计后，需要试制样机，用来进行产品功能测试、结构装配关系验证和检验产品造型实物效果。

样机视进度和项目、子项目需要，分为真机和模型两种。与真机相比，模型制作成本较低，各种快速成形技术的应用使模型加工速度大大提高。

模型分为两种：一种是可以提供全部，或部分功能服务的模型；另一种是不能提供功能服务的形状模型。所以，模型可以进行外形尺寸，或内部空间尺寸的验证，及一定程度的造型效果的检验和有限度产品功能的检验。

试制样机分步概要如图2-7所示。

2.2.1.5　小批量生产·技术文件归档·大批量生产

样机通过测试后，即可进行小批量生产，进入实际应用，以进一步检验其稳定性。然后进行技术文件归档。完成归档后，即可释放产品，按照归档文件，大批量生产并供应市场。

2.2.1.6　产品设计开发流程反馈机制

一般来说，产品设计开发流程中各环节需要互动反馈。某一环节发现问题时，须按业务关系反馈给对应环节；收到反馈时，须作相应的检查处理和必要的回复。

图2-3　功能改进示例

图2-4　功能组合示例（云影音播放系统）

图2-5　功能创造示例（智能救生衣）

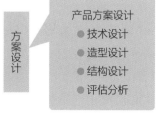

图2-6　产品方案设计分步概要

图2-7　试制样机分步概要

产品设计开发流程反馈机制如图2-8所示。

2.2.2 产品设计开发团队组织结构、角色名称及其对应职责

2.2.2.1 产品设计开发团队组织结构

家用电器、交通工具、作业装备等较复杂产品的设计开发团队，都是由工业设计师和具有各种专业背景的工程师协同工作，其组织结构如图2-9所示（视具体项目不同，可能有相应变化）。可以给"造型设计"加彩色外框来标识工业设计团队在产品设计开发整体团队中的角色层级位置，以及其作为主体需要承担的设计任务，即造型设计和UI（User Interface）设计。但工业设计团队在产品设计开发过程中的作用不止于此。

2.2.2.2 产品开发团队角色名称及其对应职责

（1）**产品经理**。负责产品开发资源、时间进度、内外协调等组织与管理。

（2）**工业设计师**。以现代工业设计系统优化思想，与产品开发团队沟通、提议，将之体现在产品开发全过程；完成造型设计（包含产品形态结构上的UI设计）、UI设计（操控显示屏UI前端设计）等。

（3）**系统工程师**。负责产品开发团队内部的日常信息沟通与管理。

（4）**QA（Quality Assurance）工程师**。负责相关标准的宣贯、产品质量反馈与控制。

（5）**制造代表**。负责产品开发团队与制造部门的信息沟通。

（6）**机械设计工程师**。负责机械设计、外购机械模块选型。

（7）**电路设计工程师**。负责电路设计、外购电路功能模块选型。

（8）**软件工程师**。负责软件设计、外购软件模块选型。

（9）**结构设计工程师（可由机械工程师兼任）**。负责结构设计以及相关的机构设计。

（10）**机电光连接选型与开发工程师**。负责外购机电光连接功能模块选型，以及相关组件开发设计。

2.2.3 工业设计师在产品开发团队中的工作机制

工业设计师在产品开发团队中，除负责产品造型设计、UI设计之外，还需要在团队中宣贯工业设计思想，关注产品功能及相关背景，适时与团队成员沟通并提出建议。一方面是完成产品造型设计、UI设计本身之需要；另一方面是将工业设计思想

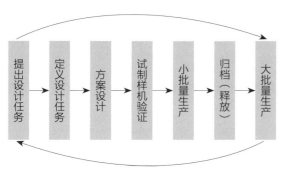

图2-8 产品设计开发工作流程反馈机制

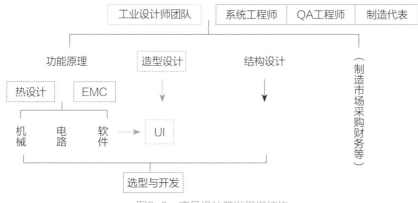

图2-9 产品设计开发组织结构

贯穿产品开发全程，使未来的产品在其全生命周期内，体现系统并行优化。

工业设计师团队成员之间，工业设计师与产品开发团队其他成员，尤其是与产品结构工程师之间的及时、充分沟通，是影响产品造型设计质量的关键因素。

所以工业设计师进行、完成产品造型设计，必须要有系统观念，有市场竞争意识，有成本思想，善于协作，积极沟通，以达成工业设计在产品开发中的成熟应用——这些都需要掌握相应领域一定程度的知识作为支撑。

2.3 产品造型设计知识技能体系

因为产品造型设计涉及多学科知识技能的综合应用，因而保有一颗开放的心灵，是学习、从事产品造型设计最基本的素养。愿意平和而积极地接收外界输入的各种信息，愿意平和而积极地从外界读取各种信息；积极细致地分析各种信息，辨别真伪，而不盲目相信；不能确定的暂时作为参考信息，而不作结论。这样才能不断丰富、提高实力，不断增强过程效率，更好地积累完成产品造型设计所需的知识技能。

2.3.1 产品造型设计知识能力体系组成

2.3.1.1 产品造型设计知识体系

产品造型设计知识体系的主要模块如下：

（1）**产品实现工业过程的知识**。包括：机械、材料与工艺、电子、电力、控制、热设计等方面的基础知识。主要内容包括机械设计原则，标准件的概念与标准化的意义，通用零件名称与基本属性，常用机构名称，组成与功能特性，弹簧、弹性零部件特性及应用；常用产品材料的类别、名称、物理化学属性、原材料生产工艺、零部件成型与表面处理工艺、部件以及整机装配工艺与作业环境；电子、电力、控制常用元器件、模块名称、功能、材料、结构、特性、组装工艺；产品环境试验常用类别与测试内容，以及产品开发常用术语及其英文名称（缩写），例如PCB（Printed Circuit Board，印刷电路板）、SMT（Surface Mount Technology，表面贴装技术）、EMC（Electro Magnetic Compatibility，电磁兼容性）、IP（Ingress Protection，进入防护）等。

产品实现工业过程的知识需要长期持续积累，其中很多内容在实际工作后有更多接触与学习的机会。

（2）**工业设计的科学基础（设计数学、设计物理化学、设计力学）**。工业设计的科学基础包括曲线、曲面、连续、曲率、密度、硬度、导电、导热、老化、防腐、强度、刚度、应力集中、力矩、抗疲劳等基本术语的概念，及其在产品造型设计中的应用。

（3）**人因工学**。是指人体生理参数、属性，人类心理特性及其发生过程。产品特征对人体生理、心理的支持与满足。

（4）**生活研究的意识与生活研究积累**。是指日常出行、衣食起居的过程中，随时随地观察、实验、思考、记录以及交流讨论。日积月累，才能持续丰富扩展知识储备。

（5）**技术经济学**。包括成本、性价比、投入产出比、规模制约与规模效益、技术专利及利用规则、产品标准与技术开发规划等。

（6）**社会经济学**。是指社会经济发展基本指标、民众生活与消费需求分析、产业政策与市场竞争态势等。

（7）**产品系统设计**。包括系统的概念、系统性逻辑思维的概念、工业设计对系统性逻辑思维的依赖、产品系统组成分析、产品系统设计原理、常见的产品系统。产品功能、产品造型和产品结构相互关系。

（8）**产品结构设计**。是指为产品基本功能模块提供支撑及保护的零件组合。

（9）**美学修养基础**。是指美的定义、形式美法则及其递进关系、审美与效率、审美与市场竞争、审美与经济发展、审美文化的形成与演进、审美文化与社会文明、审美与生活品质、日常生活中物质与精神的审美规律等。

2.3.1.2　产品造型设计能力体系

（1）**学习能力**。首先要思考该学什么，然后要讲求方法和效率；在学习中持续提高学习能力；建立即时学习意识、培养即时学习能力。

（2）**方案表达能力**。熟练运用三维建模工具，尤以三维工程软件至关重要。设计师对建模工具的熟练程度将会影响其表达设计思想，如图2-10中，原本很好的曲面轮廓，转接处却显现出生硬的倒角。

设计师应掌握相关平面软件、数据转换引用方法，以及提升文字表达与文档编辑能力、口述介绍能力。

图2-10　异形曲面平滑过渡特别考验三维建模的熟练程度

2.3.2　产品造型设计知识技能体系递进层次及互动关系

产品造型设计知识技能体系中，有其交叉互动与递进层次关系，需要在持续的学习、设计训练中慢慢领会。同时，随着持续实践积累，体验也会越来越深入。

如表2-1所示为产品造型设计知识技能体系递进层次及互动关系。

表 2-1　产品造型设计知识技能体系递进层次及互动关系

基本素养	知识、能力递进层次序列		知识学习与应用（能力积累）		
			初级能力	中级能力	高级能力
开放的心灵　学习意识　生活研究意识	产品造型设计知识体系	美学修养基础	逐步提高的学习能力　逐步提高的思考能力　逐步提高的生活研究能力	系统性逻辑思考能力　场景设想与模拟能力	知识融汇应用综合分析创造能力　团队合作能力　产品造型设计能力
		现代工业设计思想			
		工业设计科学基础			
		产品实现工业流程知识			
		人因工学			
		技术经济学			
		社会经济学			
		产品系统设计			
		产品结构设计			
		生活研究积累			
		产品美学			
		产品色彩应用原理			
		标志设计			
		产品造型设计实施原理			
	产品造型设计能力体系	学习能力			
		思考能力			
		生活研究能力			
		系统性逻辑思考能力			
		场景设想与模拟能力			
		知识融汇应用综合分析创造能力			
		方案表达能力			
		团队协作能力			
		产品造型设计能力			

⒀ 相关知识 ―――――――――――――――――――――――――――

▶ 知识与能力

完成任何一件事情都必须凭借能力。

完成简单的事情可以只凭借能力。比如骑自行车是一种能力，而对如何骑自行车的说明是知识。一个根本说不出该如何骑自行车的人，也可以会骑自行车，即完成简单事情的能力，可以与知识无关，而完全来自于实践。

但复杂的事情就不同。完成复杂的事情，需要先学习一定量的相关知识，再通过实践训练，逐步积累直至掌握完成该项事情的足够能力或全部能力。

比如，产品造型设计，就需要先学习产品造型设计需要用到的相关支撑知识体系和产品造型设计实施原理；然后通过大量的设计训练，尝试将相关知识应用于造型设计的过程，逐步积累直至掌握实际完成产品造型设计的能力。

当然，在这个过程中，也会加深对相关知识的理解。

已经学过的知识，如果长期不接触，很容易遗忘；但已经获得的某种能力，即使长期搁置，退化也会很慢。比如，一个会骑自行车的人，很多年不骑自行车了，你让他背诵骑自行车的口诀，他可能会忘记；但他照样会骑自行车。复杂的事情也是这样，理论更容易忘记，但相关的能力依然退化很慢。

正确理解了知识与能力的关系之后，就会有意识地设计分配理论知识学习和对应能力训练的比重和节奏。若想牢靠掌握已经学完的理论，最高效的方法就是多实践、多重复应用对应的能力。

▶ 思考是一种能力

凡是能力都可以通过训练获得以及增强。思考是一种能力，当然也是可以培养的。合格的工业设计专业的毕业生应该也具有很强的逻辑思考能力。

按思考的方式，设计思维可以分为逻辑性思维和发散性思维两种。

产品造型设计中的逻辑性思维，主要是逻辑演绎。即从现象和数据出发，按照公理或其他客观规律（所有科学均是研究不同领域内客观规律的）进行推理。

因而，逻辑性思维过程具有可验证性和共通性，从而可确保得到可靠结果。

可验证性指可以反复检验：正确的逻辑推理结果不变；错误的逻辑推理可以检验修正。

共通性指无论是谁，只要具有逻辑推理能力，则得出的结果是一样的。

发散性思维是指不受约束地想象。包括主观凭空想象，或由其他事物引发的非逻辑想象。

经发散性思维，无论谁都很容易得出无限多的结果；但这些结果是否有益于解决问题，必须经过逻辑推理检验。

工业设计师做产品造型设计必须依靠逻辑思维。

工业设计不是不需要发散性思维，但要讲求发散性思维的效率。即是否能得到经逻辑推理后确认有用的结果，以及对应的数量、质量与耗费的时间等成本因素之间的对比。

一般来说，逻辑思维能力强，则发散思维效率高；逻辑思维能力弱，则发散思维效率低。因为逻辑思维能力强，既可以随时抑制明显无用的发散思维的方向，还可以随时过滤掉无用的结果（图2-11）。

逻辑思维能力强到一定程度后，可以进行系统性逻辑思维训练：对需要解决的问题进行全局逻辑推演、系统优化。这是成功的产品开发，是需要工业设计团队必须进行和完成的过程。

训练系统性逻辑思维能力首先要培养、建立系统性逻辑思维的意识。

在当前，往往多因专业培养方案缺少关联支

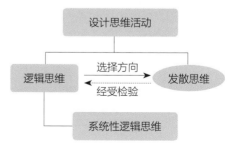

图2-11　设计思维活动类别与作用关系

撑的课程体系，导致工业设计专业的学生知识结构有欠缺、思考能力薄弱，较少尝试甚至回避逻辑性思维，习惯甚至耽于发散性思维。

但必须警醒，光有发散性思维不能支撑未来的职业前程；做工业设计、完成产品造型设计必须有系统性逻辑思维能力。

2.4 产品造型方案设计实施原理纲要

产品造型设计，就是创造以产品造型为载体的综合产品美。需要综合应用相关知识、自内而外地系统并行优化产品在其生命周期全程与各级用户的关系（消费者是最终用户，其余环节是中间用户）。以下从产品生命周期、产品美、优秀产品造型的属性、产品造型设计的重点等方面进行介绍。

2.4.1 产品全生命周期

产品全生命周期，或称产品生命周期全程，包括从设计、制造、测试、包装、运输、安装、消费者使用、产品工作过程、检查维修到报废回收等产品生命过程阶段。

工业设计师进行产品造型设计，需要通过发掘、分析产品在其生命周期全程与各级用户发生的全部关系内容，并复合应用相关知识综合创造，实现自内而外的系统优化而完成。

2.4.2 产品美

产品美包括功能美、形式美、使用美、生态美和体验美。

功能美：合用、可靠的功能属性，及其对人类的任务过程的支持。

形式美：美好的产品整体外观形式（某些产品也包括内饰），及其带给人们的形式美感。

使用美：产品生命周期全程与人的生理谐调属性，以及由其带来的生理舒适感。主要是使用过程及产品工作过程，均适合人的生理特性。

生态美：产品全生命周期内与环境资源的友好属性，以及由其带来的生态效益。

体验美：产品生命周期全程与人的心理谐调属性，以及由其带来的心理愉悦感。主要是消费者在接触和使用产品的过程中，感受到的美好心理体验。

功能美是产品美的基础。形式美是承载产品美的外在形象，是产品美最直观、最容易、最快捷影响受众的部分。

产品美各组成部分不是分离割裂的，而是共促共生，相互支持、相互成就的。

工业设计师进行和完成产品造型设计，创造产品形式美的过程，也是并行达成产品功能美、使用美、生态美和体验美的统一过程，融合于实现产品开发科学目标的系统优化中。

2.4.3 优秀产品造型的属性

优秀的产品造型具有合理、简洁、新颖的属性。

2.4.3.1 合理

产品造型设计的每一步都要有充分的依据，每一个造型特征都设计有包含美的创造在内的，相应甚至多重产品功能或性能的优化。具体如图2-12所示。

图2-12 合理的造型特征需要达到的内容

如果某个特征除了所谓的"美观"之说外，再无任何实质的支持理论依据，那它一定是不美的，而且会带来浪费，会给产品性能带来负面影响，增加使用过程中的麻烦和危险。

2.4.3.2 简洁

形状简单、流畅、圆润，尽量减小外形尺寸。以图简化工艺，并优化工艺过程属性，节省材料、节省空间，为简化包装、方便运输等提供条件。

2.4.3.3 谐致

符合形式美法则。整体谐调，层次均衡，特征变化有线索；有明显的整体感。明显的整体感是判定形式美观的前提条件。

2.4.3.4 新颖

不流俗，有创新，而且新颖的造型特征支持和完善产品功能、支持和优化结构性能。

2.4.4 产品造型设计的重点

产品造型设计的重点：变化谐调，层次均衡，有整体感。

2.4.4.1 变化谐调

特征变化有线索、连贯流畅；产品细部特征与产品整体轮廓，承接融合、谐致有序。

特征变化的线索可以有多重，但不宜有太多简单重复；若隐若现最好，不宜太直白。

2.4.4.2 层次均衡

产品造型全部轮廓组成，以及局部造型特征布置，应有疏密承转的谐致次第规划；有重彩、有映衬。

2.4.4.3 有整体感

产品造型必须呈现明显的整体感，体现最高层次的形式美，即"单纯与和谐"。

整体轮廓与局部特征统一达到变化谐调，层次均衡，产品就会有整体感（图2-13）。

认识产品造型设计的重点并努力完成，可以避

免犯明显错误，保证产品造型基本上是美观的。坚持朝这个方向努力，不断积累，就会逐渐增强对产品细部特征与产品整体轮廓之间谐致有序、承接融合的理解与创造能力，逐渐增强统筹把握整体层次的能力，领会造型设计的美妙，使造型设计质量越来越高。

2.4.5 产品造型设计的难点

产品造型设计的难点：新颖美观的外观形式与产品功能、结构性能的有机结合。即产品造型不流俗、不雷同；而且新颖的造型特征能完善产品功能，优化结构性能。

这不是偏执地为新而新，而是来自于透彻探究、模拟、综合优化产品全生命周期内，产品与各级用户的关系。透彻了解产品功能、全面分析结构特性、完整模拟使用过程，并创造新颖的造型特征，增强对相关产品属性的完善、支持和优化。

对造型设计难点的解决质量决定造型设计的最高水平。精到的审美素养、熟稔的工程知识、优秀的创新能力是突破造型难点的制胜利器。

务必注意，造型设计不要脱离产品功能内容与应用过程，不要凭空想象新奇特征或刻意制造无谓

图2-13　有整体感的汽车设计

变形；而应该先开发出完整的设计输入，再融汇应用相关知识技能，优化相关内容，水到渠成，自然地完成造型设计。

2.4.6　设计输入的概念与设计输入开发

设计输入是产品造型设计需要遵守、达到和优化的相关内容。设计输入按照得到的途径分为显性设计输入和隐性设计输入。

显性设计输入是设计任务书明确列出的。隐性设计输入是设计任务书中并没有明确列出的，但在产品全生命周期内，产品造型设计需要遵守、达到和优化的相关内容。主要是产品制造、测试、运输、安装、产品市场准入、使用和产品工作过程中需要遵守、达到和优化的相关内容。

显性设计输入较容易从设计任务书里整理出来。而隐性设计输入需要对产品全生命周期内，产品与人、应用环境以及市场的关系有全面、透彻的掌握后，才能详细、准确地开发出来。

对某一具体产品来说，其设计输入是确定的。

一般来说，设计输入开发包括如图2-14所示的内容。

相关内容包括对已有同类产品、其他相关产品模块信息的提取分析和借鉴，以及产业政策鼓励或限制的对应内容。

完成设计输入开发后，还需要进行设计输入评审。正确的设计输入开发不一定带来成功的产品造型设计。但不正确、不完整的设计输入开发决定了产品造型设计必然失败的结果。

2.4.7　产品造型设计方案的实施

2.4.7.1　产品造型设计程序
产品造型设计程序如图2-15所示。

2.4.7.2　产品造型设计实施原理纲要
产品造型设计实施原理纲要如图2-16所示。

图2-14　设计输入开发的基本内容

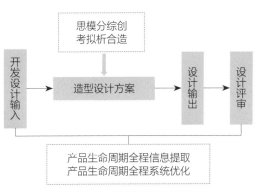

图2-15　产品造型设计程序

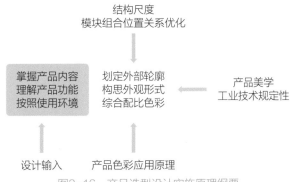

图2-16　产品造型设计实施原理纲要

2.4.7.3　与产品美对应的创造途径

与产品美对应的创造途径，如图2-17所示。

需要强调说明，图2-17所示与产品美对应的创造途径不是独立存在的，而是融汇于全部产品美综合创造的统一并行过程中的。

2.4.7.4　产品造型设计方案的实施过程

首先掌握产品内容，了解其包含哪些功能模块及其属性，理解产品整体功能，熟悉产品应用环境、配套设施、销售区域，各环节需要遵守哪些标准。

再结合产品在全生命周期内与各级用户、应用环境的关系，以及产业政策、市场竞争等其他相关方面，综合开发设计输入的全部内容（图2-14所示为设计输入的基本内容）。

设计输入通过核对、评审后，即按照设计输入对应内容，优化内部功能模块配置关系；留出产品性能（比如散热风路）与结构工艺（比如装配过程）所需求的空隙后，以最小外形尺寸，包络内部功能模块，划定产品整体轮廓。

然后，综合应用以工业实现过程和产品美学为主的多学科知识技能体系，模拟应用过程、细化局部特征，划分产品外观零部件之间的装配缝隙。完成系统调整、优化后，形成产品最终轮廓。其间，

按照产品色彩应用原理，综合设计产品色彩。

需要注意的是，产品美的创造是一个并行的过程，统一于产品造型设计。即进行、完成产品造型设计的过程，同步完成产品美全部内容的创造。也就是说，产品美的全部内容由造型特征来实现（或关联支持其实现）。产品美的各项内容不是分离割裂的，而是共生共促的。

⊡ 相关知识 ————————

▶ 用户

一般来说，用户是指普通消费者。产品造型设计就是为普通消费者创造产品美。

不仅如此，如同产品造型设计输入包括的内容，产品从设计、制造、测试、包装、运输、安装、调试、维修到报废回收等整个生命周期内，所有的参与人员也都是产品造型设计的用户。如何优化他们的工作过程，也是工业设计师需要统筹考虑的内容。正所谓"质量始于设计"，产品造型设计的优劣，决定了产品全生命周期内各级用户的工作质量、过程体验与总体效率。

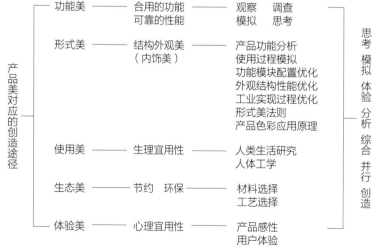

图2-17　与产品美对应的创造途径

ⓑ 本章小结

　　本章先介绍产品设计开发科学目标的内容及其实现途径。接着通过解释产品设计开发工作流程、团队组织结构、角色名称及对应职责关系，进而说明工业设计师在产品设计开发实践中的工作机制，引申出完成产品造型设计所需的知识技能体系。其后，依照工业设计系统优化的目标，列出优秀产品造型的属性，分析造型设计的重点和难点。最后，综合以上关联环节，得出在产品设计开发实践中产品造型设计方案实施的原理纲要。

ⓧ 思考题

1. 产品造型设计涉及哪些知识技能体系？
2. 请尝试列举同时包含美的创造、产品功能或性能优化的产品造型特征案例，并借此介绍在产品造型设计中如何融汇应用多学科知识技能。
3. 请谈谈你对优秀产品造型设计的理解，思考如何使产品造型呈现整体感。
4. 设计输入的含义是什么？有哪些基本内容？
5. 请尝试举例，概要描述产品造型方案的设计实施过程。

第3章
产品美学引论

3

PPT 课件

产品美学是关于产品如何满足受众审美需求的科学。研究与学习产品美学，是为了明晰创造产品美的科学方向与具体路径，提高产品开发和产品造型设计的效率和质量，更快、更多、更准确地提供优质产品，吸引、激发、引导和满足以目标消费者为主体的受众审美意识和审美需求。受众逐渐提高的审美水平，会提升市场消费审美判断的准确度和速度，既能促进产品美学的研究与实践，也是产品美学价值实现的重要条件。

3.1 美·美学·技术美学·产品美学

（1）**美。**审美始于人类的劳动实践，是人们感受、探究美的本质和事物美的属性的行为过程，以及由此得出的结论。

人们根据在过往审美实践中获得的成果，在更广泛的范围开展审美行为，探讨事物美的属性，并在包括产品设计开发在内的生活、工作实践中创造美好的事物。

（2）**美学。**美学即关于审美和创造（美）的科学。美学组成类别及其研究对象如图3-1所示。

（3）**技术美学，是生产工艺以及服务领域的美学。**技术美学不是机械地技术加美学，不是技术外在于美学或美学外在于技术的生硬拼凑。

比如，支撑产品功能或结构的零部件本身，就可以设计成包含美的创造在内的相应，甚至多重产品功能或性能的优化；而不用在产品功能或结构件之外，再刻意增加额外的装饰件。技术美学是技术与美学如同"水和泥"般的再生成。

人类的生产活动越来越广泛，因而技术美学的研究范围也在不断扩展。其常见内容有：环境美学，其研究对象是城市规划、土木建筑、园林景观、道路、广场、展厅、舞台、家居陈设等；服饰美学，其研究对象是服装、饰品；信息美学，其研究对象是装潢广告、显示界面、信息指示系统等；服务美学，其研究对象是服务的内容与流程。

（4）**产品美学，是关于工业产品范围内的技术美学，其研究对象是面向普通消费者和社会组织批量**

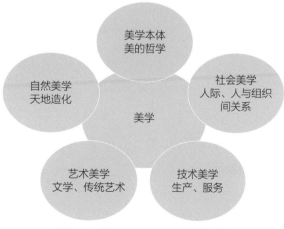

图3-1　美学组成类别及其研究对象

生产的工业产品。 在第2章"2.4.2产品美"部分已经介绍，产品美包括功能美、形式美、使用美、生态美、体验美几个组成部分，并解释了各组成部分的含义。下面对产品美组成部分之间的互生关系展开介绍。

3.2　产品美组成部分之间的互生关系

产品的功能美、形式美、使用美、生态美和体验美不是分立并列的，而是相互渗透、相互促进，共同生成产品美的统一整体。

功能美，即产品合用的功能和可靠性能，是产品美其他组成部分的根源：既是检验其创造结果的约束，也为其创造过程提供题材。

形式美、生态美、使用美和体验美为功能美服务，并丰富、完善功能美。

形式美是功能美、使用美、生态美和体验美的共同载体，即产品美的全部内容由造型特征来实现（或关联支持其实现）。而且，形式美的质量在很大程度上决定了产品美整体的性状和质量。

下面通过一个相对简明的产品案例——塑料水桶，说明产品功能美、形式美、生态美、使用美、体验美之间的共生互促关系。

首先观察如图3-2所示的塑料水桶的典型造型特征：

提手正中握持部分为弧形轮廓；为使放下提手时不与桶体磕碰和再次提起时处于较方便的空间位置，而在提手转轴旁边设计了挡块；为预防倒水时发生倾溅而设计了导流坡口；为便于动作而在桶底设计了扣手沉槽；为提高桶体强度，环绕桶体上沿设计了翻边，提手转轴近旁设计了竖向加强筋，以及桶身上设计了阶梯凸环；为提高提手强度，设计了类工字型渐变横断面；以及为减少桶底磨损、增加桶底强度，沿靠近桶底边缘设计了凸筋。

上述所有特征并没有使桶体注射模具分模复杂化。该款设计，充分考虑使用过程中的每一环节和桶体各部位的强度需要，创造出相应方便使用、提高性能的结构，顺势而成美观的产品造型。

图3-2　产品美组成部分之间的互生关系

（1）以充分实现功能美（贮存、提运、倾倒）为根源创造产品形式美。

（2）产品造型为使用过程中的每一个动作提供良好的生理宜用性，即具有使用美。

（3）各处造型优化了塑料注射工艺性；选用原材料成色，无须再进行表面喷漆或其他成色工艺；提手的渐变类工字型断面，既提供合适的强度支持，又节约材料；桶底边缘的凸筋，不但增加强度、利于平衡，还减少磨损、延长使用寿命，即具有生态美。

（4）以上诸项从功能实现、视觉感受、使用过程、思想认知等方面促生心理愉悦感，即具有体验美；从而使消费者更愿意选购和使用。

总之，功能美是创造其他产品美的根源；形式美是功能美、使用美、生态美、体验美的共同载体；形式美、使用美、生态美、体验美，服务、完善功能美。

补充要点

▶ 维度

看事物要从不同的角度看，才能观察完整、知悉全貌。维度就是和"看事物的角度"非常接近的一个概念。

看一个事物可以有无限个角度，但其中有一些角度得出的信息是同质的，还有多个视角获得信息的总和，通过一定的数据转换，可以被证明其完全包含在另外某几个视角获得的信息之中。把这些得到的同质信息或有包含关系的视角合并调整后，得到观察一个事物所需最少视角的数量即维度。比如，在某一时刻对自然界物品的形体进行观测，当然可以从无限多个角度进行。但从左到右和从右到左得到的形体信息是完全相同的，即相互之间角度为零的视角获得的信息等同。而且我们现在已经知道，仅仅通过从物品前后、左右和上下共三个视角，即可获得该物品完整的形体信息（即三维直角坐标系中物品每一质点的x、y、z坐标值）。

可以说自然界物品的形体有三个维度。即人们常说的"世界处于三维空间"。

若加上时间维，则可以表述为"物品的形体处于四维空间"或"物品的形体有四个维度"。

研究一个系统时，不仅仅是研究它的形体（有时形体也并非最主要的信息），还要研究其他更多方面。

对一个系统完全认识清楚后，最少需要从多少个方面来描述一个系统就确定了。这个最少方面的数量，也就是该系统的维度。

系统的维度是分层级的。比如形体是某系统的一个维度，功能是该系统的另一个维度……该系统的形体又有三个维度，该系统的功能又有多少个维度……同一层级的维度之间，反映的信息不能重叠；同一层级维度反映信息的总和，必须覆盖目标层级的全部属性。若不能做到这些，说明对目标系统的研究还不完善。比如功能美、形式美、生态美、使用美和体验美，就涵盖了产品美的全部内容，并且它们相互之间的含义没有重叠。

3.3 产品功能美

满足人类物质和精神需求的实用功能和可靠性能，是批量化生产的工业产品能在市场竞争中生存的首要条件。

比如，冰箱用来储藏食物，音响可以播放音乐，沙发提供休息条件。并且，它们还需要在设计使用寿命期内都保有可靠的性能。

产品的实用功能和可靠性能主要依靠产品设计开发阶段，产品设计开发团队通过充分研究人类在相应工作与生活内容中存在的切实需要，细致模拟产品具体应用的完整场景和过程步骤，并全面考虑产品原材料、零部件成型与处理工艺，以及机械装配、测试、运输、安装、调试、回收重复利用等产品全生命周期内人—机—环境关系，进行综合分析、系统优化而后完成产品设计。

产品的功能，既须满足人们工作、生活对应场景与过程的实际需要，又不过度设计。而且各部分（尤其用户操作与功能输出模块）以及整机，在产品生命周期内还须工作稳定。

对绝大部分工业产品来说，产品的形式美和体验美是满足人们精神需求的主体内容。只有形式美和体验美而没有实用功能的纯艺术品越稀有越珍贵，比如绘画、书法、雕塑的原作。现代工业技术也可以批量化制作绘画、书法、雕塑等纯艺术品；相应地，其欣赏价值和市场价值也随之急剧降低。

满足普通大众生活、工作所需的产品数量巨大，必须批量生产，因而实用功能和可靠性能是其立足之本。

产品设计师习惯于通过平常细致的观察、调查、模拟和总结思考，从给人们提供最大便利出发，发现能改善过程与环境条件、丰富生活情趣、提高工作效率和增强身体健康等（图3-3）、提高人类生活品质的潜在需求。或尚未得到满足的需求显现后，引领产品设计开发团队，通过优化原来的技术原理，将已有技术原理应用到新场合。或设计全新的技术原理，来改进、丰富原来产品的功能特性。或设计全新产品，以满足需求。

新型产品可以快速赢得新的用户市场。如果新型产品一开始就以优秀的造型呈现，那将大大扩展

（a）汽车与航空技术的结合，使飞行汽车诞生，让旅行观光更便捷自由

（b）头戴+顶窗，细部拓展，
更方便舒适

（c）眼镜与骨传导耳机的结合，
利用习惯动作控制功能切换，
对人和环境有更好的适应性

（d）复合应用传感控制技术，行李箱自动跟随、
平衡、避让和提示，让人可以轻松出行

图3-3 从给人们提供最大便利出发创造产品功能美

新产品的接受范围、加快新产品的普及速度。

产品功能美的具体创造过程，如图3-4所示。

当产品的功能特性相近时，产品的形式美、生

态美、使用美和体验美将成为市场竞胜的重要因素，尤其是产品的形式美将成为核心竞争力。

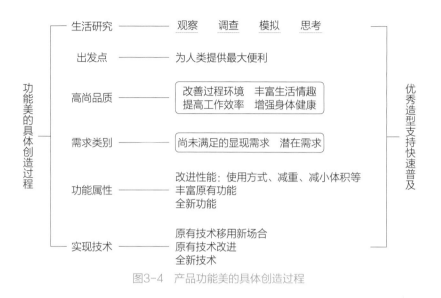

图3-4　产品功能美的具体创造过程

3.4　产品形式美

3.4.1　产品形式释义

本书中，产品形式是指产品造型单纯形式上的内容。之所以在产品造型之外增加一种产品形式的表述，是出于"造型"包含的不仅仅是形式上的内容，还涉及功能、生理宜用性、心理宜用性以及生态促进等全部产品美内容的创造。

产品造型指向产品整体，不存在局部造型。同理，产品形式也是指向产品整体。

产品的各个部分有其局部的形式，但产品造型不是由产品各个局部的形式简单拼接而成的。

产品造型设计，是从产品整体上统一并行地进行系统优化的结果，同时也自然地并行生成了产品各个局部的形式。

产品各个局部的形式——来源于产品各部分的局部功能，自然也应该服务于对应的具体功能——统一于产品形式，它们之间必然存在承接、过渡、呼应等统一谐调的关系。

有些产品局部可以有不同的变换形式，而且并不改变或影响产品造型的整体质量和风格。

比如一种形式的汽车，门有门的形式，门上的

锁又有门锁的形式。显然门可以有不同的形式变化，门锁又可以有不同的形式变化。但是，它们的形式变化不能随意，而要和谐有致，统一于产品形式。也就是说，一种形式的汽车，其某些局部外观零部件的轮廓特征，只要符合形式的统一性，是可以有一定的变化选择的。

局部的变化可以提供更多细部选择，丰富产品的细部趣味，还可以配合改善整体造型质量，但并不改变汽车的整体风格。

3.4.2　产品形式与产品形式美

产品形式，源于产品的功能，并服务于产品的功能。

产品形式是由产品外观各部分的轮廓特征（形状、尺寸、装配关系）和色彩，相互配合、共同生成的。

好的产品形式都具有明显的整体感——特征变化有线索，连贯流畅，前后呼应；有重彩、有映衬，错落有致，疏密得当，层次均衡。

若是相反，各部分独自一派，互不相干，缺乏

联络，支离破碎，那就不能给人一个完整产品的感觉，往往也影响使用。

如图3-5所示的折叠式电动车，简便轻巧，收起后占用空间很小；对于旅程接续、短途游玩很实用。其形式来源于设计目标功能，其中各部分的形式，自然也依据各自对应的功能展开；并且各部分形式间，互相谐调呼应，形成良好的整体感，协同服务于产品形式。

产品的形式美是人类在长期生活实践中形成的一种审美意识。这种审美意识随着人类实践的延续和科学技术的发展而相应进化。

在技术初创、产品匮乏的情况下，产品形式不会决定市场竞争的成败。但现代工业市场竞争形势快急迅猛，产品形式美对市场竞胜起着非同寻常的作用。

3.4.3 产品形式美成为现代工业决胜性竞争力

随着制造与信息技术的发展与普及，现代工业产品都有多家、多种品牌竞争用户市场，一家独供的情形已很难出现。而且往往因为产品功能技术很快发展成熟，容易趋向同质化，导致单靠实用功能，已很难拉开差距，不能有效提升市场竞争力。

这时，正是产品造型设计一展身手、大举发力的好时机。

优秀的产品造型，唤醒和满足人们的审美需求，提高人们的审美认知、生活品质和工作效率，刺激、促进消费，赢得市场。

同时，好的造型不但服务和改善产品的实用功能，还充分实现技术与人力资源效益、省材节能、环保安全，并提供给消费者美好的使用过程及好的生理、心理体验。

因而，科学的产品造型设计，为消费者创造更多附加价值，为制造商降低消耗、提高效率，为资源环境可持续发展保驾护航，为社会文明提供健康引导，是市场竞争与品牌推广的有力支撑与制胜利器。

由于产品形式更直观、更易于感受，是满足消费者审美需要的主体，因而，产品形式美成为现代工业，尤其是大众普通消费产品的决胜性竞争力。

学习形式美法则，有利于分析认识和创造产品的形式美，有利于完成基于并行系统优化的产品造型设计。

3.4.4 形式美法则概述

形式美法则，是人类在认识和创造美的过程中，以满足人的心理、生理需要为根本，经过长期探索和归纳总结，并被人们广泛接受的基本规律。

形式美法则的本质，就是人们在反复生产、生活实践中，体验到的那些令人感到愉悦的形象特征，包括安全、稳定、舒适、轻巧、单纯、统一、整齐、条理、层次、调和、生趣、和谐等。

显然，先有人们对产品形态属性的认识，以及在创造美好产品实践中的反复检验，而后才总结出形式美法则条文，以方便人们更高效地继续认识美、创造美和评判产品美的属性。

所以，并不是非得熟悉形式美法则，才能认识美、创造美和评判事物美的属性。

但显然，学习、理解和透彻掌握形式美法则，学习前人在实践中总结得出的宝贵经验，助于更加快速地理解、创造和评判形式美。

形式美法则是分析判断事物形式的准则。它不仅适用于产品造型设计中，也适用于对其他人造

图3-5 产品的形式源于产品的功能

物、天然物的形式评判。在不同的领域，形式美法则在具体指向上会有不同的延展。

对工业产品设计而言，应符合体积小、重量轻，结构简单、造型美观的原则。造型的形式美具有如下法则：

①尺度与比例。　　②稳定与轻巧。

③对称与均衡。　　④统一与变化。

⑤对比与调和。　　⑥过渡与呼应。

⑦节奏与韵律。　　⑧条理与层次。

⑨比拟与联想。　　⑩单纯与和谐。

形式美法则是有层次的。

在产品造型设计中，"尺度与比例"是最基本的形式美法则，任何产品都需要体现正确的尺度与合适的比例。对于某些产品，实际上"稳定与轻巧"也是必须达到的要求。否则，将直接影响产品使用和产品的工作过程。

"单纯与和谐"是形式美法则的最高层次，是产品形式美的最高境界——单纯的形态一定是美的，趋近单纯的和谐形态也一定是美的。

其余形式美法则，是在正确的产品尺度和合适的比例关系的基础上，实现必要的"稳定与轻巧"后，根据具体条件，尽力向最高层次递进，为达到、趋近"单纯与和谐"服务。

形式美法则的层次性，决定了并不是符合形式美法则其中的某一个条文就一定是美的。只有不与其他条文冲突，尤其不破坏单纯、不影响和谐，尽力向"单纯与和谐"的最高层次靠近才是美的。

在产品造型设计中，需要从产品美组成内容及其互生关系出发，充分发掘、完善产品功能，优化结构性能，发掘环保节约、宜于使用的内容，作为应用形式美法则的题材和依据；不能机械地按形式美法则条文规划产品特征，更不能为套用法则，生硬地拼凑出多余特征。

不是非要熟悉形式美法则的具体条文，而后才能做产品造型设计，才能认识和评判产品造型的质量。因为通过个人的学习、生活、工作、娱乐、体育锻炼等各种实践活动，也可以从中经由体验、观察、思考，领悟出形式美法则所概括的部分或全部内容。

因而，普通大众中从不缺乏很懂得欣赏美、追求美和善于发现美的人。进而，普通消费者中，也从不缺少懂得欣赏、追求和善于发现美的产品造型的人，即使他们并没有专门学习工业设计专业或产品造型的课程。

他们需要的，正是学习工业设计专业的学生，真正透彻领悟形式美的本质，入职后能科学地按照产品造型设计实施原理，创造出符合产品美学的产品造型，引导和满足普通消费者物质生活和精神审美需要，使受众持续获得进步，享受高尚生活品质。

这既是工业设计的意义所在，也是工业设计行业价值实现的途径。

3.4.5　形式美法则例讲

3.4.5.1　尺度与比例

尺度，是指在用户操作和产品工作过程中，产品与人、配套产品以及应用环境的适应、谐调关系。

产品的形状、尺寸等相关属性或参数，需要满足应用环境和配套产品的要求，需要适合使用过程中的人体特性等设计输入条件，并且尽量节约成本。其中有的参数需要控制在某个范围内，有的则有严格的具体限定值。

一般来说，产品造型设计中的尺度有两种情形：一种是尺度数值，如依据机柜内的安装空间，确定在柜内安装的设备的外形尺寸范围；另一种是从可能的操作方式中，选择适宜的方案，从而确定对应的形状属性，如汽车车门上不同的门把手形状。

比例，是指产品整体外形，各部分与整体，各部分之间，以及各部分内部等相关参数的最终数值之间的谐调关系。

先有尺度，后定比例，尺度与比例相辅相成。良好的比例都要依据尺度范围来确定；合适的比例关系能更好地衬托正确的尺度感。

为照顾比例，尺度可在允许的范围内调整——包括直接改变尺度量值，以及在尺度变化范围有限时，采取空间结构轮廓变化，以适应比例要求，或两者相结合。

"尺度与比例"是最基础的形式美法则，每一种工业产品均须讲求尺度与比例。只重视产品尺度而不在意比例关系会影响美感；单纯考虑造型比例而忽视产品尺度会影响实际应用。

一般来说，产品造型设计应先定下尺度值：包括确定的尺度数值，如机柜内的设备安装尺寸和尺度范围，如按照电路板尺寸来确定路由器外形尺度范围等；接着对尺度与比例进行综合分析，而后确定具体应用方案。

产品造型设计往往在确定某一个或多个重要尺度后关联展开。有时确定尺度与比例的某些参数需要遵守相关标准。

如图3-6所示，在门面和装饰条纹之间，门面的

宽高值属于尺度范畴（由于应用广泛，有产品标准规定的具体数值）；条纹在门面上的布置关系，以及条纹自身的尺寸参数属于比例范畴，其最终的数值是在门面提供的尺度范围内调整确定的。

如图3-7所示，汽车的座位、方向盘、车门及手柄、后视镜的基本形状属性，以及它们之间的大体位置关系等属于尺度范畴。先按目标用户平均人体参数确定尺度调整范围，而后再在尺度范围内，调整它们之间的比例，确定各自的最终形状属性和具体的尺寸数值。

同样，在新型产品造型设计中，往往也需要从合理地使用产品功能开始，优化操作方式，确定对应造型特征的基本形状——确定相关的尺度，再细化调整比例，确定最终数值。

如图3-8所示的两款豆浆机，在手柄抓握尺度（形状、位置大体属性），手柄的两端与中间握持部分的比例，以及手柄与壶体的比例上，右边的对应处理相对更谐调。

图3-6 "尺度与比例"法则在产品造型中的体现（一）

图3-7 "尺度与比例"法则在产品造型中的体现（二）

图3-8 "尺度与比例"法则在产品造型中的体现（三）

📋 补充要点

▶ 比例形式

确定比例时，有时可能会涉及一些具体的比例形式，比如黄金分割、平方根比、整数比等。具体内容可参阅相关资料。

需要指出的是，虽然并不否认黄金分割等一些比例形式在其他领域的审美效果，但在产品造型领域，以通过系统优化获得最优性价比是根本，不可机械地拘泥于所谓的比例形式。

最初，电影银幕的宽高比为1.33：1；随着电影技术的进步，为了扩大视野，增强观众的临场感，出现了宽高比为1.85：1的宽银幕；现在则普遍使用宽高比为2.35：1的超宽银幕（图3-9）。银幕宽高比的变化并没有受比例形式的影响。

银幕作为功能简单实用的平面类产品尚且如此，普通工业产品更无须为某些比例形式名谓所羁绊，务必以实用、实效为先导。

			1.33:1	1.85:1	**2.35:1**

图3-9　银幕宽高比变化

3.4.5.2　稳定与轻巧

依赖于固定安装基础或支撑基础的产品，都需要能自然处于稳定状态及在工作过程中处于稳定状态。其重心须位于有效支撑范围之内；最好处于支撑范围的形心，以获得最大稳定性。

稳定的产品带给人们安全、舒适感，所以稳定也是审美需要。

由于很多产品工作时，需要轻巧、灵活地整体移动，或某些功能输出件需要完成规定动作，且轻巧的产品易于搬运，轻巧灵动的产品造型也给人以美感。

总之，稳定与轻巧源于产品功能和其他相关过程的需要，进而使人感受到美。

除了实际上的稳定与轻巧，还有视觉上的稳定与轻巧。

视觉稳定必须以实际稳定为基础。而视觉轻巧则可以不依赖实际轻巧，即可以通过某些造型方法来创造。

实际稳定是必须保证的；必要的实际轻巧也是需要满足的。而视觉上的稳定与轻巧，是在追求实际稳定和轻巧的同时，为获得更多视觉美感，结合产品系统并行优化，适机而就的。

追求稳定与轻巧，须依据和满足产品的实际功能和相关过程需要。

"稳定与轻巧"的常见实现途径，如图3-10所示。

比如，可通过形体内收或留空，适当利用曲面轮廓，提高色彩明度，采用透明材质或调整形体比例以适当控制形心高度，适当缩小底面积，以及可能时，将Logo等特征靠上布置等方法获得轻巧感；可通过由上至下逐渐增加体量，色彩应用上明下暗，材质选用及对应处理，形体分割，增大与基础接触面积等，从而拉低物理重心或视觉重心等，以获得稳定感。

如图3-11所示，喷雾电风扇下部圆锥台形状，使产品显得稳定；中间内收结构，上部的扇叶形状并结合其所处旋转空间等，又呈现轻巧感。

图3-10　"稳定与轻巧"的实现途径

图3-11　"稳定与轻巧"法则在产品造型中的体现

3.4.5.3 对称与均衡

对称是指产品中线两边形状、尺寸和色彩等造型特征分布相同，等形等量。均布即产品造型特征沿外体面均匀布置，均布是对称的特例。就产品整体而言，很少出现均布的情况。

均衡是指沿产品中线两边，或某一分割线（不一定是直线）两边，或是某一视觉支点两边，造型特征的量感分布在一定程度上接近。均衡有等形不等量、等量不等形、不等形不等量三种情形，其中不等形不等量最多见。对称可以看作是均衡的极限。

造型特征量感是由形状、尺寸和色彩，及其对应的视觉物理量，如体面积、重量等形成的综合感觉。比如尺寸大、形状复杂的物品，且具有明度低的色彩，则对应的视觉量感大，反之则形成的量感小。

对称与均衡能带来对产品视觉上的平衡感和秩序感。

如图3-12所示，音响设备的Logo、显示屏、大部分的操控按键，及其整机外形沿中轴线呈现对称，个别按键和接口则呈现均衡。

对于静态的产品，对称与均衡，有时是出于产品功能的需要，有时是人为的考虑，均给人以某种程度的美感。过于对称则会显得呆板，均衡却更显生动，但均衡在视觉庄严感及稳定感上不如对称。所以需要视产品功能属性及应用场景做对应调整和选择。

对于动态的产品，除功能需要或其他制约因素外，适度考虑对称与均衡，无须过于拘泥于形式。

产品造型设计中，需要统一考虑对称与均衡。

有的总体布局对称，局部均衡；有的总体均衡，而局部对称。也有的产品由于功能属性，要求造型必须对称；需要时可以通过色彩变化，体现出某种程度的视觉动态感。

如图3-13所示，适应于功能属性要求，小汽车整车外观造型对称。但由于车身轮廓有起伏变化，并且过渡流畅，并没有呆板的感觉（但若其车身轮廓僵直方正，则这时的对称就显呆板）。特殊的是，该款车型为改善散热效果，在引擎盖板上设计了一组散热孔。散热孔的位置，安排在靠近车窗的底角处，近旁的造型特征呈收缩感；散热孔分作两个单位，分散了其本身的显现，缩小了视觉量感。尽管散热孔打破了造型的对称度，但却体现出恰如其分的动感——尤其适合示例中的小车型。

3.4.5.4 统一与变化

统一指产品中的某些个特征在多个位置重复出现，或产品在多个位置的不同特征，通过采用相同或相近的参数呈现某种一致性。变化指统一的特征组中，某些个体特征的部分参数呈现个性化。统一与变化首先基于功能需要，或产品制造技术相关要求，然后结合产品形式美创造规律联动而行。统一有助于使产品造型呈现出整体感。统一中的变化可以避免产品造型显得单调。

一般来说，产品造型往往是统一中有变化，变化中有统一——既蕴含线索，又别具生趣。

如图3-12所示的音响设备组件，大部分按键都是圆形；但根据其功能、使用方式和所处空间位置不同，直径又有变化。

031

图3-12 "对称与均衡"法则在产品造型中的体现（一）

图3-13 "对称与均衡"法则在产品造型中的体现（二）

如图3-14所示的无叶风扇靠内部的导风框、中间的夜灯罩、整机外框均为椭圆形外轮廓（其中整机外框底部由平面截断，提供放置底座位）。三者之间既包含一致性，又根据功能、工作和使用需求，在形状、结构、位置、色彩等方面呈现出相应的变化。触控屏按键的排列，与机框轮廓也呈现出相似性。

总之，根据产品功能、使用过程、结构属性等关联因素，科学地体现出统一与变化，可以增强产品造型的整体感与趣味性。

3.4.5.5　对比与调和

对比是指产品两个特征或多个特征之间，存在某种规律性的差异。

对比不是出于纯粹地制造形式变化的需要，而是在由产品造型特征关联的实际功能所决定的性状范围内，采取相应的对比设计。

调和是指产品两个特征或多个特征之间，存在某种递归线索，互相接近。

在"统一与变化"形式美法则中，"统一"与"变化"都是同时出现的（通用件、标准件除外），即一组特征之间同时既有统一又有变化，而两个形成对比的特征，并不需要它们之间也必须存在调和；同样一组相互调和的特征，也不必同时存在对比关系。就产品总体而言，为了协调各部分功能、性能、工业实现过程和使用要求等因素，美观的产品造型设计往往需要在其中某些特征之间形成对比，在某些特征之间进行调和。

产品造型设计宜以调和为主，给人以安全可靠、内敛稳重的感觉；以对比为辅，结合功能需要，让某些体积、面积较小的造型，与基面，或与产品整体形成特征对比，以增添生趣。

在产品造型设计中，对比与调和有形状、色彩和纹理等表现途径。其中，形状上的对比或调和往往是存在的，除非由于材质不同或功能需要，其他情形下不是非得存在色彩和纹理上的对比或调和；合适色相的纯色、一致的纹理是最好的设计应用。

形成对比或调和的特征，需要在形状或体量，或是在其他两方面存在明显差别。否则，会显得呆板、不能形成良好的对比或调和效果——这是形成对比或调和的基本条件。

色彩的对比与调和有两种情况：一是在不同灰度的灰色之间形成的对比与调和。而且灰度要么差距明显形成对比，要么接近形成调和；不远不近就很别扭。二是基于相同彩色色相的复色（含灰）之间，因灰度（即纯度）不同存在色值（即明度）差；色值差接近时形成调和，色值差较大时形成对比。其他情况难以实现美观的视觉效果。

如图3-15所示，电磁炉的基座与炉盘在色彩和纹理上形成对比，在形状上又相调和；基座主体与前端操控屏在形状上形成对比，又保有色彩上的一致性。

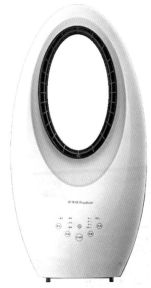

图3-14　"统一与变化"法则在产品造型中的体现

图3-15　"对比与调和"法则在产品造型中的体现（一）

如图3-16所示，小椅子的座面与其他构件在体量、方向上形成对比，也与靠背下方的空间形成虚实对比；整个椅子的圆弧轮廓又很谐调。

3.4.5.6 过渡与呼应

过渡，指在产品相邻接的部分有形状变化时，通过采取相应的处理手段，由此及彼逐渐演变、连贯流畅。

产品造型设计中，为满足系统优化的产品开发目标，不同造型特征之间的过渡，成为产品造型的常态；并且过渡的质量，是决定产品细部品质的主要评判依据。过渡的常见形式包括倒角、倒圆角、倒锥弧和通过异形曲面转接。其中，通过异形曲面相切连接，是最常见，相对也是最为美观的过渡形式。

呼应，指产品有对应关系的各部分，在形式上相似和吻合，取得相互关联的一致感。

从支持、完善功能要求出发，全局规划、确定呼应关系，再设计各个局部间的具体过渡方式，而后再细化调整。有呼应关系处的过渡形式，需要支持和增强对应的呼应关系。

如图3-17所示，电吹风机整体外部轮廓依照功能需要启承转接变化，过渡平滑、圆润、流畅。

出风口和手柄在形状和尺寸上，依照各自功能属性变化调整，呈现前后呼应。手柄位置的操控键和风筒上的Logo，都位于沿机体轮廓中轴线的浅凹槽（由左下方壳体沉边与右上壳体组装后形成）内，使得它们的位置呼应关系更为明显。

通过这些过渡与呼应，电吹风造型显现出近乎完美的整体感。

常见地，小汽车的车身轮廓变化都有良好的过渡，前脸和尾部，以及车身其他对应处也会呈现呼应关系（图3-18）。

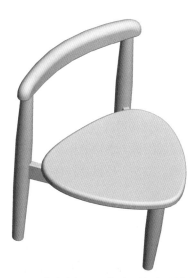

图3-16 "对比与调和"法则在产品造型中的体现（二）

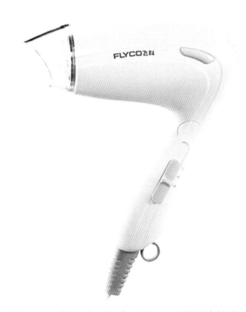

图3-17 "过渡与呼应"法则在产品造型中的体现（一）

图3-18 "过渡与呼应"法则在产品造型中的体现（二）

3.4.5.7 节奏与韵律

音乐都有和其表现主题相适应的节奏，以及随着节奏进而展开的旋律，渐至高潮，再过渡收至尾声。音乐虽止，余韵环绕，令人回味。

人们对美的感觉具有相通性。正如美好的音乐旋律感动人心，使人陶醉一样，产品造型中的某些特征有规律的重复出现，以及重复特征的某些个参数，按某种线索变化也能给人以美感。人们以此总结出"节奏与韵律"的形式美法则。

之所以不用"旋律"命名，是由于音乐旋律有无限丰富的变化空间。而作为以实用功能为核心的工业产品，其造型特征需要简洁练达；并且产品造型特征的变化，需要遵守相关经济技术条件。"韵律"可以更准确地体现出产品造型特征在遵守经济技术规定下的简练变化。

节奏，指产品中在某一处、某一种特征有规律的重复出现。一般来说，重复三次以上，方能体现出明显的节奏感。

韵律，指形成节奏特征的某些个参数，呈规律性变化；或某些个特殊位置的特征，其整体形状按节奏中已有线索，呈某种规律性变化。

规律性的重复体现节奏，循着线索变化产生韵律。没有节奏，则韵律失去依据；只有节奏，则缺少动感。节奏是韵律的条件，韵律是节奏的深化。

由于标准化、通用化和系列化可以降低现代工业的成本，以及有的产品包含多个子单元模块，使很多产品整体或局部呈现出一种重复排列。科学规划这种重复排列，可以体现出节奏和韵律的美感。

在平面设计或单纯的景观设计中，连续、渐变、交错、循环和起伏等都是常见的规划形式。但在产品造型设计中，体现节奏与韵律，须依据产品的功能和性能属性，以及产品实现工业过程的技术规定性；并为优化产品的功能、性能属性以及降低成本服务。不能出现违反上述优化原则的多余复杂化设计，因为工业产品美不是仅仅依靠局部形式美单独作用，而是由功能美、使用美、生态美、体验美和形式美互促互生、联动作用。

如图3-19所示，床头中间的竖向撑柱等间距重复排列，呈现节奏感；构成床头主体的三段横框，从上至下，由弧形连续渐变成矩形，体现出节奏与韵律的美感。床头为中空结构，节省材料，搬运、组装方便。

如图3-20所示，位于上部的Logo安装基面的形状，延续采用了其下方两个沉孔的外部轮廓，从而，它们三者的布局，形成一定的节奏感。再往下，左右底部两侧的尾灯组，也体现出了节奏感和韵律变化。单从局部形式上，它们都带来了一定的视觉美感，只是这些变化并不是来自功能的要求，也没有优化结构性能，但却增加了制造成本，与追求整体造型的"单纯与和谐"相逆。

3.4.5.8 条理和层次

产品造型讲求各功能模块在整体外观轮廓上，布局合理、简明、有秩序，便于使用者轻易、快速

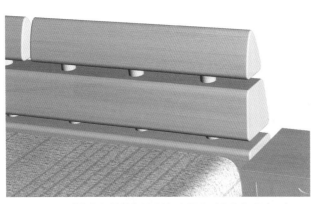

图3-19 "节奏与韵律"法则在产品造型中的体现（一）

图3-20 "节奏与韵律"法则在产品造型中的体现（二）

地领略整体外观美感，又能轻易、快速地区分、识别和操作各功能模块。

各功能模块与外观主体轮廓特征，相辅相成、相得益彰。不能简单拼列、泛化、模糊，不讲主次，不可没有合理、明确的设计意图。

条理，即产品造型特征在主体轮廓上，进行相适应的有序布置。前述的"尺度与比例""对称与均衡""统一与变化""节奏与韵律"都是使产品造型特征形成条理的手段。

层次，即产品造型整体轮廓的各个组成部分，以及位于其上的局部造型特征的布置，都要有疏密承转的、谐致次第的规划，并形成整体感。

条理是层次的基础，层次是条理的归宿。

前述的"尺度与比例""稳定与轻巧""对称与均衡""统一与变化""对比与调和""过渡与呼应"都是组织产品造型层次的手段。

条理与层次，不但能形成视觉美感，也方便使用，有助于更好地实现产品功能，提高制造环节的效率。

科学的产品造型层次，不但支持产品造型的整体感，还能通过对造型特征体量感的科学布置，在某些局部区域形成吸引人们视线聚焦的视觉中心。视觉中心是为了把人们的注意力，吸引到凸显产品造型品质的关键位置，或重要的使用操作部位。

如何统筹规划、组织条理，以形成完美的层次，既是影响产品形式美感的关键，也是产品造型设计的难点。

完美的层次，需要设计开发团队充分沟通，透彻理解产品的功能、性能、结构组成、装配关系，需要掌握零部件适用材料、成型工艺和用户具体使用过程细节，结合产品美学进行模拟、实验、观察、分析，进而完成综合优化创造。这是衡量产品设计开发团队管理质量和技术研发实力的所在，也是最容易暴露不足、频犯错误的地方。

如图3-21所示的微波炉，采用按键开门，上下两条贯通的弧形特征，削弱了门缝的即视感。功能区布置条理清晰、层次得当，整体感好。

如图3-22所示，单独看，由于产品功能属性使得产品外部的特征较少，三款燃气热水器造型简

图3-21 "条理与层次"法则在产品造型中的体现（一）

图3-22 "条理与层次"法则在产品造型中的体现（二）

洁，条理清晰；没有人为地增加多余特征（这是同样情况下经常会看到的错误），层次感均良好。桶体均采用纯色，且选择了较为雅致的浅灰色色相，与应用场景常见环境色容易形成调和。但比较起来，右边的热水器多了一条装配缝线，层次复杂了，还显现割裂感，而且暴露在产品视觉中心，严重削弱了产品造型的整体感。左边一款的显示屏宽度接近，甚至等同于整体宽度，层次感单调。因而，中间一款的造型最为合适。

如图3-23所示，左边和中间的小汽车，整车造型简洁流畅，层次清晰。只是引擎盖板左右两侧的装配缝线，以及引擎盖板前端边线，与相邻侧围部件的边线完全重合，层次线索显得直白，整体轮廓稍现拼接感。右边的引擎盖板的装配缝线则过于简单，层次陡凸，缺乏联系，导致整体轮廓割裂感明显。

产品外观零部件的装配缝隙，是影响产品造型层次的重要因素。就像建造房屋时，墙上的窗洞是非常显眼的；但窗户装好后，人们好像已经忘了窗洞的存在，只觉得一切都很自然。产品造型设计，就是要通过恰当的装配关系规划、零部件形状设计，与整体轮廓的转接变化相配合，使外露零部件

之间的缝隙隐现，从而使人们几乎很难察觉到它们的存在，促生产品外观连贯、和谐、精致、优美的整体感。

很显然，图3-24中三例引擎盖板的装配关系，没经过科学思考与处理，从而在所谓的汽车外观视觉中心近处，好似硬硬地横砍了一刀，整车造型的美感被此举破坏殆尽。

3.4.5.9　比拟与联想

比拟，意指产品的造型看起来就像先前其他的存在物。比拟对象一般更为人们所熟知，包括生物、非生物，自然物、人造物。并且这种相像不但要具有和谐自然的美感，更重要的还是出于产品功能实现的需要，或是在有利于，至少不影响产品功能实现的前提下，衍生出接近相似物原本具备的、某种具有实际应用价值的功能。所以，比拟须恰当，忌牵强附会、弄巧成拙。

不恰当的比拟，不但经常大幅增加产品本身以及关联包装、储运等成本，更大的害处是妨碍产品功能，降低产品性能，影响使用，误导审美认知和破坏使用过程中的心理体验。

联想是普遍的，凡产品造型特征皆可引起联

图3-23　"条理与层次"法则在产品造型中的体现（三）

图3-24　"条理与层次"法则在产品造型中的体现（四）

想。联想是广泛的：既可联想到技术实力、产品质量、使用舒适度等总体感觉，也可以联想到具体的零部件功能、操作方法——非文字造型特征的产品语义，是将造型特征引起的有关产品功能、结构、使用方法的联想，与人们已有的知识、经验相结合后得出的结果。

好的造型设计引发的联想，不仅有助于人们了解产品功能、学习使用方法，还能丰富人们使用产品过程中美好的心理体验。

比拟更容易引起联想——更直观、更形象的联想。既包括比拟对象与当前产品在功能上有类似时，明示的等通关联；也包括由比拟对象衍生出的全新实用价值而引发的超出原产品内容的联想。

根据具体情形，创造比拟特征需要遵循前述某些形式美法则。由比拟和联想引发的美好视觉感受、宜人心理体验，在更大的范围内拓展了产品造型的和谐内容。

如图3-25所示，女士手表完全就是一条漂亮、雅致的手链，合二为一、不露痕迹。

如图3-26所示，飞机像飞鸟，产品和比拟对象存在功能上的相通性，形状流畅美观，既完全服务功能，又能引起美好想象，还能提高结构性能，并且不存在额外增加成本的多余形状，所以是科学的比拟。

3.4.5.10 单纯与和谐

单纯，指造型特征的种类与变化尽量减少，最好连贯一致。

实际上，由于产品功能实现、结构组成、制造工艺、成本控制等因素的限制，造型的单纯是很难实现的；需要精心设计，努力接近单纯。

和谐，是指对由各种限制因素导致的复杂产品特征，按照审美规律和工业技术规定性，优化产品全生命周期内的人—机—环境关系，综合创造，使其呈现秩序感，趋近单纯化。

单纯是和谐的特殊情形，和谐是为了尽量接近单纯。简单粗糙，不是单纯；简单又无害、无碍、有利，才是单纯。比如正方体，虽然简单，但有尖角、尖棱，充满了危险以及应力集中等不和谐因素，不属于单纯。增大产品外形尺寸，增加零件数量，增加多余特征，变形出无实用功能意义的"美"，无论是有意还是无意地体现了形式美法则，都破坏了单纯与和谐。

节约才和谐。美，天生就是节约的。尽管美的产品制造成本低，但由于美提高了产品附加值，售价相应较高。

单纯、和谐的形象容易被识别和记忆，有利于降低视觉疲劳，符合人的视觉生理需求，也有助于放松心灵。因而，"单纯与和谐"是形式美法则的最

图3-25 "比拟与联想"法则在产品造型中的体现（一）　　　图3-26 "比拟与联想"法则在产品造型中的体现（二）

高层次，其他形式美法则诸条目，都是为尽量靠近单纯，实现和谐而服务的。

违反之前的形式美法则，一定不和谐；体现了之前的形式美法则，不一定就和谐。优秀的产品造型设计，至少应体现"尺度与比例"和"单纯与和谐"两条形式美法则（某些产品还需要体现"稳定与轻巧"）。既不能简单粗糙、不假思索，也不能为了拼凑某条形式美法则，而生出多余的零件或产品特征，导致产品造型复杂化或无谓增加产品外形尺寸，那就从根本上违反了形式美法则。

如图3-27所示，图（b）洗衣机的转筒为上倾式（升级后的技术使转轴可调，即工作时转轴处于水平位置，以保证不影响洗涤效率），投取和观察更为方便；迎面为弧面，并通过与两侧和顶面经圆弧过渡，使得机身轮廓更为连贯流畅，整体感强，更趋近单纯与和谐。相比较，图（a）洗衣机在形状和色彩上多显突兀。

3.4.6 形式美法则与产品造型设计实践

在产品造型设计中，需要设计师先做产品功能分析，模拟产品使用过程，遵循有利于更好地实现和丰富产品功能、优化结构性能的原则，融汇应用相关工程技术原理、产品美学知识，综合系统优化，自然而恰当地体现形式美法则。一般来说，这是一个有序深度思考的过程。

产品造型的最终实际效果，是由外观各部位零部件的形状及其装配关系所决定的。各零部件之间

（a）　　　　　（b）

图3-27 "单纯与和谐"法则在产品造型中的体现

的装配缝线，是影响产品造型质量的关键因素。需要透彻掌握各零部件结构上的功能内容，使用过程中的性能条件，以及其使用材料、成型工艺、连接方式和装配过程，才能做出合理划分，形成良好层次。产品造型设计师，需要在平时持续积累产品实现的工业过程的知识；在具体设计过程中，还要充分地进行团队协作，尤其是与结构工程师的交流合作。

形式美法则在产品造型设计中的作用具有相对性。产品形式美，不是形式美法则的生拉硬拽或机械堆砌，而是基于对产品固有内容的优化安排，对产品操作方式和使用过程的创造革新，避免刻意增加没有实际功用的无谓变形。

简约，是现代工业设计思想的内在要求。好的造型都是节约的，因为科学地体现形式美法则，都会优化产品工艺路径，包括合适选材，优化形状及成型工艺、装配工艺、产品功能与结构性能。

美的造型一定体现形式美法则，尤其必须体现"尺度与比例""稳定与轻巧"（视产品安装方式和工作过程需要）和"单纯与和谐"法则。体现了形式美法则的一般条文，并不一定就是美的造型；但违反了形式美法则，造型一定是不美观的。

形式美法则既共促共生，即一组特征可以同时科学地体现多条形式美法则；也存在制约，在体现某条形式美法则的同时，要向单纯与和谐靠近，不能破坏更高层次的形式美法则。

如图3-19所示，床头造型同时体现出"尺度与比例""稳定与轻巧""统一与变化""节奏与韵律""单纯与和谐"等多条形式美法则。

如图3-20所示的客车尾灯造型，体现了"节奏与韵律"，但却违逆了"单纯与和谐"。

产品造型设计师不一定非要熟悉形式美法则条文才能创造美的造型。对产品美本质的准确认识，才是创造产品美的必要前提。但认真学习形式美法则，有助于更高效地领悟产品美和创造产品美。

3.4.7 产品形式美创造过程

产品形式美是产品功能美、使用美、生态美和体验美的共同载体，产品形式美的创造过程，是通

过完成产品造型设计，并行完成产品美全部内容的统一过程。

做产品造型之前，需要先完成一些准备工作。包括熟悉产品应用领域、工作环境、产品标准，熟悉产品生命周期全程包含的阶段，（通过平常积累）熟悉产品实现工业工程的知识。并对照以上主体内容，开发出完整的设计输入。

掌握产品造型设计基础知识，包括理解产品美组成内容，熟悉形式美法则并掌握其在产品造型中的应用，掌握产品色彩应用原理等设计输入的缺省内容。

完成以上准备工作后，就可以开始产品造型方案设计了。

首先，理解产品功能，熟悉主要功能原理模块组成、配置关系及可能的优化方案。留出装配间隙和其他需要的间隙后，以最小外形尺寸，包络功能模块，形成基本外形轮廓。

其次，分析产品操作过程、工作过程属性，模拟主要操作步骤，从可能的使用方式中选择最佳方案，确定主要操作方式、造型特征。

再次，结合形式美法则、产品色彩应用原理、产品美其他组成部分要求，将主操作特征与基本轮廓过渡连接，形成初步整体外观轮廓；划分出主要零部件边界，确定色彩应用方案（若无必要原因，则沿用与主轮廓一致的色彩，余同理）。

最后，再根据全部设计输入，模拟、优化产品生命周期内全部人—机—环境关系的内容，生成细部造型特征；统筹细化调整，确定外观全部零部件之间的装配缝线、赋予各自色彩。

形式美法则约束产品形状的美感，并最终使产品造型呈现整体感，但要结合设计输入统筹应用。

形式美法则也约束产品色彩应用，并保证色彩应用的美感。同样也要结合设计输入共同作用（产品色彩应用原理，就是按照形式美法则和产品功能美、生态美、使用美和体验美的要求，对产品实现工业过程技术原理——核心是成色工艺技术，进行相应优化的结果）。

以上统一作用的结果，使形式美成为全部产品美的载体，实现产品开发科学目标的并行达成。

产品形式美的具体创造过程如图3-28所示。

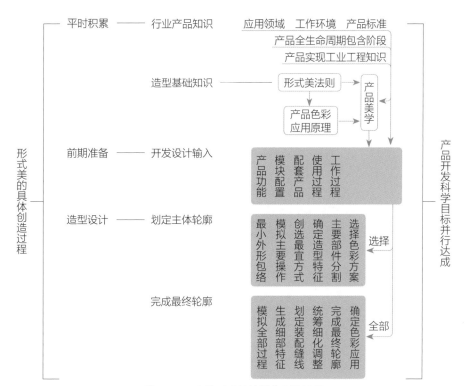

图3-28　产品形式美的具体创造过程

3.5 产品使用美

产品使用美：即产品生理宜用性，及其带来的生理舒适感受。主要是使产品更有利于人们安全、舒适、快捷和省心地进行操作和使用（详细内容请见第4章产品生理宜用性——使用美）。

3.6 产品生态美

产品生态美，即产品在以工业实现过程和产品工作过程为主的全生命周期内，具有环保和节约的属性，以及产生的生态效益。

环保，指通过系统分析，创新、优化技术工艺路线与装备，放弃或替代有毒、重污染的原材料、中间介质和工艺手段，使产品在全生命周期内，都没有危害人类和环境的毒性与污染物排放，或将其降低在相关标准允许的范围内。废弃产品不能重复利用的部分要易降解。

节约，指科学论证和合理选择产品功能技术原理实现路径，并通过系统优化，在保证产品全生命周期内，实现环保、产品功能正常、性能可靠和使用方便的前提下，对产品材质、形状、尺寸、表面属性、装配工艺，以及产品包装、运输、安装、使用与维护方式等，进行选择与创新设计。形状简约、外形尺寸小、选用常规材料和成熟的工艺，以实现材料、设备、能源、人力和时间等综合成本的最低消耗，并提高废弃品利用率。

废弃产品重复利用，包括部分功能模块、零部件的回收直接重复利用，或经适当处理后重新使用；整机拆解、分类，重新加工成新原料再循环利用。通过对产品生命周期前期相关设计，实现回收重复利用的可能性、降低难度，扩大再利用的程度和范围。

产品生态美，关系到环境资源可持续发展，直接影响产品综合成本，是提升产品竞争力的重要指标。产品造型设计须按照政策法规、产业标准，结合具体条件，进行系统优化，创造产品的环境资源友好属性，并将之汇入承载产品美全部内容的形式美中。

产品生态美的具体创造过程如图3-29所示。

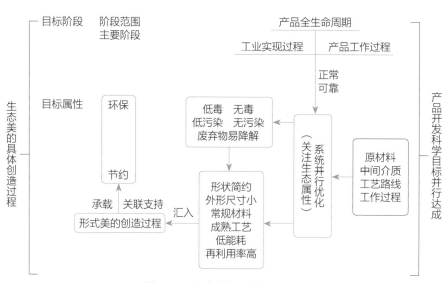

图3-29 生态美的具体创造过程

3.7 产品体验美

产品体验美，即产品心理宜用性，及其带来的心理愉悦感受。主要是用户使用产品的过程中，产品带给人们的心理愉悦感和美好联想（详细内容请见第5章产品心理宜用性——体验美）。

3.8 产品造型设计师的美学素养

很显然，产品设计师必须具备良好的美学素养。那么，产品设计师应该如何积累美学素养呢？

首先，明确审美意识，主动审美实践，养成审美习惯。善于观察、勤于思考，广泛接触、欣赏音乐、美术、雕塑、书法、摄影、舞台表演、影视剧、文学书籍、服装、产品、自然和人文景观。在审美实践中逐渐完善、强化审美意识，并从中体会到审美的乐趣，丰富生活感悟，增强分辨能力以接触更多科学、健康的内容。

其次，在有了一定的审美体验积累后，再开始思考美的本质，即事物令人愉悦的属性。细致体会本心对美好事物的反应，摒弃盲目跟风和猎奇，逐渐养成独立深入思考的习惯，增强对美的分辨和领悟能力，以及时、充分享受包括文艺作品、工业产品在内的生活经验之美。

在建立了美学素养后，细致学习以形式美法则及其对应内容为核心的产品美学，结合人生经历体会思考；结合产品实例，对照分析形式美法则在产品造型中的体现，反复体会、反复分析，逐步达到完整明确地理解与区分各条文的所指、联系与区别，对具体案例能领会出形式美法则各条文相互促进、相互制约的作用关系，总结出产品美各项内容互依、互生、互长的作用过程。

关键：通过尽量多的产品设计实践锻炼，反复应用体会；勤于总结，广泛交流。最后，将形式美法则及其应用原理变成本能，将产品美的意义融入骨髓。这时，已无须理会形式美法则具体条文是什么，无须再具体分出产品美的分项内容，它们会自动整体联动于设计实践中。

3.9 产品造型设计师的职业操守与社会责任

以产品造型设计为核心，创造美、传播美，实现资源综合效益最大化，引导节约、和谐的健康生活范式，提升大众审美水平，促进社会文明，与产品造型设计相关的专业必将大有可为。

但当前，对相关专业的认识还存在混乱，不能清晰区分其与普通艺术类专业的分界，淡化产品设计核心业务，劣质产品造型设计充斥市场，不能满足消费者的审美需求，迟滞商品流通，造成严重浪费，工业设计对经济的助推力还远未发挥出来。

急功近利、误导消费者或被其暂时的认识偏差所左右，最多只能贪一时之便宜，但同时也立即给设计者带来疲以应对之麻烦，使其抛弃职业尊严，自行打折专业价值。持续地，必将且只能是损害包含用户、制造商和产品造型设计从业者及其供应链条在内的所有相关方的利益。

因而，产品设计师坚持职业操守、承担社会责任，对个人、对行业、对社会意义重大。

产品设计师的职业操守，就是不断完善美学素养，不断提高设计能力，坚持设计好产品，不为眼前利益所动，不随波逐流，以完成科学的产品美创造，引领社会民众审美水平的持续提高，以更优性能的产品服务人类享受高尚生活品质。

创造美、传播美是产品设计师的社会责任。让人们买到好产品后，在使用过程中熟悉、体会、学习，进而发现其更多美好的内容，从而促进健康的产品审美文化发展。

总之，坚持职业操守，承担社会责任，才能实现产品造型设计的最优价值，使多方互利共赢、持续蓬勃兴旺。

ⓑ 本章小结

本章从讨论美、美学、技术美学和产品美学的含义开始，逐渐展开对产品美学内涵与产品美创造规律的介绍与探讨。其中重点介绍了形式美法则在产品造型设计中的含义和应用案例。并论述工业设计师学习、积累美学素养的途径，坚持遵循产品美学、科学创造产品美的职业操守与社会责任。

♡ 思考题

1. 请叙述学习产品美学的意义。
2. 请论述产品美的组成及其互生关系。
3. 影响尺度的因素有哪些？调整尺度与比例有哪些途径？
4. 请论述产品外观的零部件装配缝线对产品造型质量的重要影响。
5. 如何理解"单纯与和谐"是形式美法则的最高层次？
6. 请对照前面图例，自己论述常见形式美法则诸条文的具体含义。

产品生理宜用性，是产品在全生命周期内，与人体生理关系相适应的属性；是在用户使用过程中，实现产品使用美的前提条件；也是基于系统优化的产品造型设计中必须统筹规划的内容。

4.1 无处不在的产品生理宜用性

产品生理宜用性，指在以用户使用过程为主的产品全生命周期内，产品与人体生理相适应的属性。具有生理宜用性的产品，宜于用户学习、成长，让用户的使用过程省心、省力、省时和安全。

产品使用美包括产品生理宜用性，以及由其带来的生理舒适感。产品使用美和产品功能美、形式美、生态美、体验美，共融、共促、共生，组成浑然一体的产品美。同产品功能美、生态美、体验美一样，产品生理宜用性需要通过产品造型来体现。同时，对产品生理宜用性的透彻把握，是完成产品造型设计的必要条件。

产品生理宜用性是产品开发总体目标的组成部分，以产品与最终用户的关系为主要优化内容。通过关注目标用户生理参数、生活习惯与心理特征，模拟使用过程，结合产品开发总体目标，综合分析优化，宜于目标用户学习、记忆、操作和成长，可能时应设有防错措施，尽量使目标用户获得美好的产品应用生理体验。

产品生理宜用性不只是与最终消费者的关系，还包括在制造、测试、安装、运输、调试、检修维护、回收处理以及再利用等产品生命周期阶段中，产品与相关操作者的关系。

产品生理宜用性是无处不在的。任何一种产品，都需要在其全生命周期内，保有与人体生理特性的友好关系。产品质量始于设计，并且规定了产品质量的上限，是后续的制造、测试、安装、运输、调试、检修维护、回收利用等环节发挥作用的基础。制造、测试、安装、运输、调试、检修维护、回收利用等环节的操作者，可视作产品全生命周期中的各级中间用户。

科学的产品开发设计目标，是努力实现产品生命周期全程，包含获得良好的产品生理宜用性在内的，技术、人力与资源的综合产出效益。

工业设计师必须清晰理解产品宜用性的概念，牢固树立产品生理宜用性在产品全生命周期内无处不在的意识。平常积极研究与积累人类生活经验，以使工业设计师个人或工业设计团队，逐步增强产品生理宜用性实现能力；并在产品开发设计实践中，结合宣贯现代工业设计系统优化的思想，向团队贯彻产品生理宜用性的概念，增强全员自觉实现生理宜用性的意识，以提高沟通效率，提高全员主动向工业设计师提供与产品生理宜用性相关信息的自觉性；发挥全员力量，最终充分实现产品全生命周期内产品与人体生理关系的优化，并通过产品造型设计体现出来。

产品中的人机工程，即对产品全生命周期内，产品与人体关系的研究与优化。它包括产品与人的生理关系和心理关系两个方面（第5章将展开讨论对产品与人类心理关系的研究与优化）。当然，这两个方面并非各自孤立，它们之间是有联系的。

涉及产品生理宜用性，即人机工程中，对产品与人体生理关系的研究与优化，我们较多看到对桌椅、驾驶室、操作台、仪表盘等，与人体关联频密的举例研究。需要强调的是，对于任何一种产品，在其生命周期全程，都需要通过模拟实验，优化相关操作与人体的生理关系。

比如，零件形状，如非出自特殊需要，应尽量避免尖角和狭长伸出；零部件形状尽量简单，外形尺寸尽量小，以利于储放、转运和装配；整机在测试、包装、运输、安装、使用、维修以及回收利用等环节，要容易操作，减轻生理疲劳，杜绝人体伤害，避免损坏产品。相关内容须在一开始设计时就事先进行系统研究，最终体现在产品造型设计方案和结构设计工程图纸等相关资料中。

这些工作，有的需要由工业设计团队具体完成，有的需要由产品开发设计团队的其他成员完成。但无论哪种情形，都需要由理解和透彻掌握现代工业设计系统优化思想的产品开发团队领导者，或由其委托工业设计师团队或个人，监督产品造型设计、产品结构设计，使其工作结果体现出包括产品生理宜用性在内的系统优化的属性。

实现产品全生命周期内与人体生理关系的优化，需要研究、掌握人类日常生活活动范围，以及活动过程中的生理特性，理解提供对应支持的产品功能属性；透彻研究产品使用过程，充分掌握产品工业实现过程，以及回收利用等多方面的信息。

这些信息，需要通过平时有意识的主动研究，进行积累。否则，单靠课堂和产品设计阶段的学习、研究，要想按时完成具体产品的生理宜用性解决方案，往往会显得仓促。

因而，工业设计专业的学生，需要养成平时自觉开展人类生活研究的意识，在持续研究实践中，将其培养成本能的专业习惯，并在以后的职业期间，持续地进行人类生活研究积累。

4.2　人类生活研究

这里所提的人类生活研究，是为了完成产品开发设计——尤其是解决其中的产品生理宜用性，并通过与其他相关知识融汇应用，最终在产品造型设计中体现出来，而在平时，针对各种人群的衣食起居、休闲运动、医疗保健、工作学习等日常生活实践活动与过程细节，进行观察、模拟、记录、思考、讨论和总结，以逐渐积累对人类在各种生活场景及过程细节中生理活动特性的全面认识。

先观察、熟悉现状，再模拟实验，透彻分析，以期发现不足、需要完善和改进的地方。随着积累丰厚，再尝试创想新的解决途径，使人们生活更舒适、健康、省心、省力、安全。同时也积累对产品结构、产品材料的种类、名称、物理化学属性、零件成型工艺、表面处理工艺、部件及整机装配工艺的直观印象，以及对之尽可能详细的具体了解。

工业设计专业的学生，一定要建立起生活研究

的意识，理解生活研究的含义和开展生活研究的重要性，从而养成随处随时观察记录、模拟实验、分析思考和讨论总结的意识、兴趣和习惯。要通过长期持续地开展和坚持生活研究，把它变成本能反应，在生活的时时处处，不知不觉中完成尽可能多的积累。

比如，对看到的新产品、新场景，本能地进行观察、学习，通过拍照、文字等方式记录和整理分类、反复学习研究。下面对人类生活研究所涉及事项，分别展开介绍。

4.2.1　人群分类

人群分类，可按性别、年龄、职业和接触频度等维度进行。按接触频度，可分为自己、家人、同学、同事、朋友等近旁人和偶遇人群。

4.2.2 人类日常活动内容

人类日常主要活动内容如图4-1所示。

4.2.3 与产品关系频密的人体活动

在产品全生命周期中，与产品关系频密的人体器官，包括四肢、躯干、头颈、大脑、眼、耳、口、鼻和皮肤等。

人体与产品相关活动，由大脑直接发出指令，或通过接收并处理眼、耳等器官上传的信息后，再发出指令。

其他器官接受并向大脑上传外部信息，接收和执行大脑下发的指令，或对外界刺激做出条件反射，进而完成诸如记忆、活动身体部位、施力操作等与产品相关的人体活动。

人体器官生理感觉，包括冷热、疲劳、疼痛、麻木等。

人体部位生理参数，可参阅相关标准。人体活动规律，需要针对具体产品实际应用过程，进行模拟等研究。

4.2.4 研究方式

通常的研究方式有观察、实验、模拟、设想、分析、讨论、查阅和记录等。

比如通过触摸体验触感，通过按压测试强度，尝试使用操作；通过设想或借助工具，模拟有关场景和操作过程，与相关人员多讨论；利用图片、文字等做好记录。

4.2.5 研究内容

常规研究内容如图4-2所示。

通过充分研究人类活动场景，总结出能给人类提供服务的功能内容；并进行科学的功能论证定义，观察、模拟或设想产品的具体应用操作步骤等详细过程；需要发挥或影响到人体的哪些部位，刺激到哪些生理器官。研究现有产品是否存在不方便操作或带来不良刺激，以及思考可能的改进措施；观察学习现有产品的外观、结构、零部件连接和装配工艺，零件适用材料的种类、名称、成型工艺、表面处理工艺；思考有哪些可能的替换方式，并做性能和成本对比分析。

4.2.6 成果记录

成果记录方式有图片、视频、标本以及文字等。重视人类生活研究，及时记录，适时整理、学习。

工业设计专业的学生、工业设计从业者，需要持续积累产品生理宜用性所涉及的广泛知识，自觉开展人类生活研究是必要的学习过程。

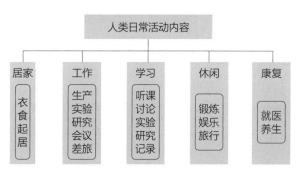

图4-1 人类日常主要活动内容

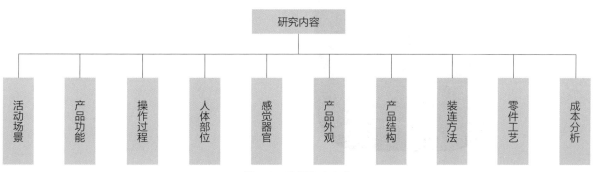

图4-2 常规研究内容

4.3 产品生理宜用性普通模型

人类生活活动涉及人体的全部组织。但就解决产品生理宜用性来说，需要重点考虑人体四肢、躯干、头颈的活动特性，以及大脑、眼、耳、口、鼻、皮肤所接受的刺激及相应反应。在产品开发设计过程中，通过推理、设想、实验、模拟，掌握最终用户（普通消费者）和中间用户（包括制造、测试、包装、运输、安装调试、客户服务、回收利用等环节）的生理器官活动内容和感觉反应，然后做出优化调整，让人们感觉更舒适。

比如开发设计某种产品，需要模拟、验证从零件加工、质量检查、中间储运到整机装配、测试、包装运输、安装调试、操作使用、工作过程、日常维护和故障检修等相关环节的活动内容，活动空间中的人体姿势，以及四肢、躯干、头颈的具体活动范围与施力特点，对大脑、眼、耳、口、鼻、皮肤的刺激，并在设计阶段优化对应属性，最终达到减轻疲劳、杜绝伤害、避免损坏的目的。

更具体地展开，活动空间要尽量满足人体处于舒适的姿势，活动范围要尽量便于施力并尽量减轻负荷，活动内容要尽量简明，尽量有容错措施，色彩和光线要适应眼睛需要，减少多余刺激（图4-3中的指示灯光很柔和，利于观察时减少对肉眼的刺

激），控制噪声范围，防止有毒害物质产生。比如，形体较大、较重的产品，要有与过程环境和人体作业姿势相适应的扣手位置（图3-27中，右边洗衣机在两侧设计有扣手，而且位置合理），或者有起重结构。操控按键较密时，重要操作键要处于有利操作位置，并可结合形状属性做区别等。

在产品开发设计实践中，既要查阅相关标准、以往案例等资料，还须完成实际空间过程模拟或虚拟空间过程模拟等针对性人类生活研究，创造出产品生理宜用性的具体属性内容，并将之汇入承载产品美全部内容的形式美中。

如图4-4所示为基于生活研究和全生命周期内与人体生理关系优化的产品生理宜用性普通模型。

图4-3　柔和的指示灯减少对肉眼的刺激

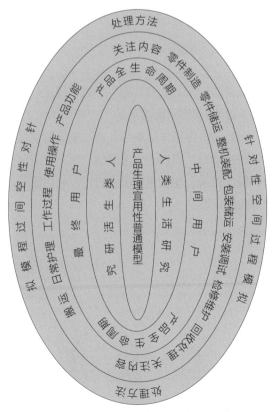

图4-4　基于生活研究和全生命周期内与人体生理关系优化的产品生理宜用性普通模型

4.4 产品使用美的创造过程

产品使用美的具体创造过程如图4-5所示。

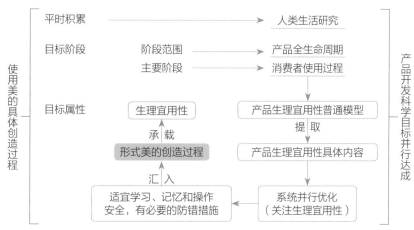

图4-5 产品使用美的具体创造过程

4.5 宜用性与易用性

以获得良好的性价比为前提，通过系统优化，让产品适宜目标用户使用是合理要求。评价某种产品时，需要科学分析产品的功能内容和操作人员须具备的知识技能。产品设计须关注相关技术发展，尽量降低产品的使用门槛。

追求产品宜用性，可以促进用户的自我提升意识，训练对产品的认知能力，从而建立科学的产品审美观，获得高尚、美好的生活体验。

机械地宣扬易用性，往往滋生错误的设计思路。很多表面看似容易使用的方式，实际上不但很不适宜，还会导致其他弊端。

下面结合微波炉的开门方式，做产品易用性和宜用性的对比分析。

如图3-21所示的微波炉，采用按键开门，外观简洁，造型轻巧，是适宜的使用方式。

如图4-6所示的微波炉，采用手柄开门；表面看直观、简单，容易使用，其实增大了产品外形尺寸，降低了造型整体感，破坏了审美感受。由于手柄的形状尺寸、表面处理以及装配工艺等因素，还

导致成本偏高。对比起来，这种操作方式，不如按键动作方便，还浪费空间和材料，降低心理体验，不是适宜的使用方式。

宜用性给人提供最美的舒适度；偏执的易用性，破坏人们的审美需要。引导用户完成力所能及的学习，会提升用户健康的审美能力、收获自信，并能充分享受生活的乐趣。实现生理宜用性和心理宜用性，互促互生、兼得并存，是获得优秀产品造型设计的必要条件。

图4-6 产品易用性与宜用性对比分析图例

⟳ 本章小结

　　本章首先说明生理宜用性的概念，指出生理宜用性是无处不在的，产品造型设计师须通过坚持人类生活研究，积累产品生理宜用性实现能力；并给出基于生活研究和全生命周期内与人体生理关系优化的产品生理宜用性普通模型，列出使用美的创造过程。最后，论述了宜用性与易用性的区别及相关意义。

♀ 思考题

1. 为什么说产品生理宜用性是无处不在的？
2. 请谈谈你对"生活研究"的理解。
3. 请结合产品实例，介绍产品生理宜用性普通模型。

第5章
产品心理宜用性——
体验美

基于系统优化的产品造型设计，承载了产品功能美、形式美、使用美和生态美等优良产品属性。它们与受众健康的心理需求相适应，是在用户接触和使用产品的过程中，通过用户体验，实现产品体验美的前提条件。

5.1　用户体验与个性需求

用户体验，是通过产品品质属性对用户的生理感官刺激引起的用户心理情感变化，以及随之发生的联想意象。

由于经历不同，导致人们的认知能力有区别，从而产生对产品体验的多样性：有的体验丰富全面，而有的体验匮乏，甚至缺少体验意识；有的体验正确，有的则陷入误区。

好的产品属性，会引发所有具有认知能力的消费者健康的心理体验；同时，消费者的体验需求也有多样性。

就像有人习惯慢跑，而有人更爱游泳，源于各自环境条件或身体原因的差异而所爱不同；但不会相互否定，都会肯定和欣赏对方的好处。

因而，健康的个性需求具有如图5-1所示的特征。

正确地认识、引导和满足消费者的个性情感需求，既有利于消费者、制造商双方的利益，也有利于引导健康的社会文化、有利于环境资源可持续发展和利用。

人们每一次消费都想获得最好、最多的受益，买到真正的好产品。所以产品造型设计师须提高自己的专业能力，通过努力坚持设计好产品，满足具有认知能力的人群包括健康心理体验在内的消费需求；并启发更多消费者建立健康的体验意识，提高认知和体验能力，而不能盲目迎合落后的、不健康的个类癖好。

图5-1　健康个性需求的特征

5.2 产品心理宜用性与产品体验美

产品体验美，即美好的用户体验，包括产品心理宜用性，以及由其带来的心理愉悦感受。核心是消费者在接触和使用产品的过程中，由产品的优良品质属性引发的愉悦心理体验和美好感受反应。

同产品功能美、生态美、使用美一样，产品心理宜用性需要通过产品造型来体现。同时，对产品心理宜用性的透彻研究和把握，也是完成产品造型设计的必要条件的一部分。

体验美由受众接收或感受到产品带来的生理刺激后产生。对产品功能美、形式美、使用美和生态美的综合科学创造，是产品具备心理宜用性的前提条件，是体验美的根本来源。

功能美是体验美的首要条件，是消费者第一体验需求的内容。然后依次是对形式美、使用美和生态美的体验需求。

产品的功能一定要合适、可靠，切实满足人们的实际需要。产品形式，包括产品的形状和色彩，可以引发人们更广泛的心理联想。体验美会延展、丰富产品美的内容，提升产品附加价值。

人们在享受产品功能美、形式美、使用美和生态美的同时，还会引发更多美好的心理体验。这种心理体验会丰富产品美的内容，使人们享受更好地生活品质，获得更强地奋斗动力。自然也对产品产生更多喜爱，更加信赖产品品质，由衷地感谢产品设计师的智慧和劳动。

体验美的具体产生过程如图5-2所示。

产品造型设计，需要研究产品属性与人们健康心理或心理误区之间的对应关系，以及如何以较好的性价比，实现优良的产品属性与人们的健康心理体验之间的对应。这相当于感性工学在产品造型设计中的应用。

图5-2 体验美的具体产生过程

5.3 感性工学的概念

感性，指某种对象（包括产品、环境、过程、现象、行为）的性状所包含的引发受众情绪反应的特性。

感性工学（Kansei Engineering），即研究如何综合应用工程技术原理和人类生理学、心理学中与行动、感觉、体验和联想相关的知识，以良好的性价比，使工程过程和结果让以最终用户为主的相关人员，获得美好心理感应的科学。

据资料显示，"感性工学"这一名称最早来自马自达株式会社山本建一社长的建议；在初期，这一技术曾被称为"情绪工学"。

具体名称，以及由谁提出并不重要，最早在哪儿开始研究也不是最重要的；探求如何以合适的性价比，满足人们的高尚生活需求，并将之应用于工业过程才是最重要的。

只要是合理的人类需求——不管是普通人群的需求，还是某一类人群的需求；也不管是已经显现的需求，还是潜在的需求，总会有相关研究者，关注到相关内容，研究对应的解决方法。

在欧洲、美洲、亚洲等世界各地也早已开展相关研究，并将研究成果应用于工业过程。我国当然也有产业专家、学者开展相关研究。

5.4 产品感性研究与产品意象、产品风格

产品感性，指以产品功能和产品造型为主的产品属性，引发人们对应的心理感应的特性。良好的产品感性，必然能带来产品的心理宜用性；具有心理宜用性的产品，也必然包含良好的产品感性。

受众对产品感性的接受与反应，多来自直觉。即从接触产品到产生心理感受反应，并没有经过逻辑推理，或没有经过完整的逻辑推理，而主要凭借直觉和经验。

但实质上，产品感性属性和受众心理感应结果之间是存在逻辑关系的。产品造型设计师就是需要解释普通受众直觉结果的产生过程，把普通受众没有进行的中间推理整理出来，总结出其中的规律，并将之应用于新产品的开发中。

消费者真正需要的是优秀的产品综合性能，即产品美的全部内容。良好的产品感性不是孤立存在的，而是和产品功能美、形式美、使用美、生态美浑然一体，共促共生。遵循基于产品美学和产品实现工业过程为主的多学科知识复合应用的造型设计原理，是创造良好产品感性的科学途径。

良好的产品感性内容，对消费者有积极的心理影响。包括对产品（制造商）的感受反应：比如由舒适的功能，体验到产品设计开发团队对人类生活的细致研究；由某种精巧的操作方式，感受到产品开发团队高超的技术力量；由优美的产品形式，联想到工业设计师对产品美的透彻把握和完美创造。还包括对自身生活的感受——它往往建立在对产品（制造商）感受的基础上。比如，通过对良好的产品感性做出正确评判和选择，感受到对个人的知识面、选择能力、生活品质的认可，以及对过往美好

经验的回忆和对未来生活的憧憬，以致涌升继续努力的澎湃心绪，以获得更大购买力，来拥有更多更好的产品，享受更高的生活品质。对产品感性更详细的研究需要结合具体产品展开。

人们对产品感性反应的总和构成产品意象。或者说，产品意象是受众在接触和使用产品的过程中，由感受到的产品属性引发的全部心理联想。

优秀的造型设计，体现产品美的全部内容。它们协同作用，引发完整、良好的用户体验，进而汇聚美好的产品意象。优秀的产品造型，既遵循产品美学，又各自精彩，进而形成一定的产品风格。

产品风格，是产品提供商根据拥有的优势资源，针对目标用户特征和具体应用环境，遵从科学的创造规律，得出的优秀解决方案所呈现的区别于同类产品的特殊属性。比如根据拥有的原材料优势、擅长的工艺以及其他特殊研究成果，产品提供商可以在产品功能美、形式美、使用美、生态美和体验美的某些方面，形成自有的优良特性。

只有支持产品功能美、形式美、生态美、使用美和体验美的科学创造，才有可能形成产品风格。产品美各部分的风格须互相支持，并汇集于产品体验美。刻意猎奇或是其他粗糙处理，都会损害产品美。把产品做好是形成风格的前提。

如图5-3所示，概括了产品美综合创造、用户体验、产品体验美以及产品风格等相关内容之间的传递关系。

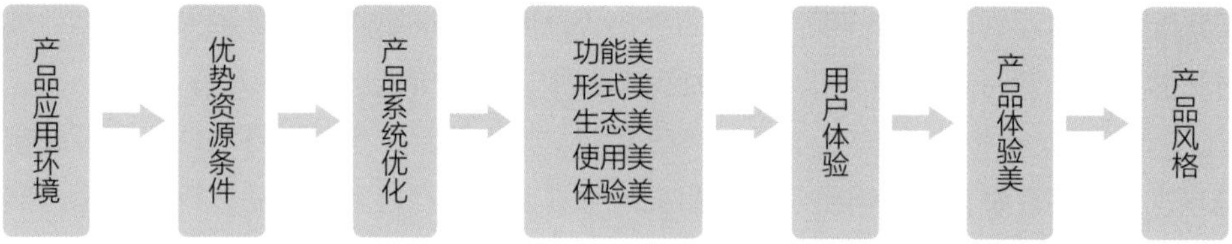

产品应用环境 → 优势资源条件 → 产品系统优化 → 功能美 形式美 生态美 使用美 体验美 → 用户体验 → 产品体验美 → 产品风格

图5-3 从产品美综合创造到用户体验、产品体验美以及产品风格的传递关系

5.5 产品感性设计系统及其应用瞻望

所谓产品感性设计系统，是指能提供产品感性属性结果输出的机器信息处理程序。它包括产品（概念）设计时的产品感性创造和对已有产品（包括实物或模型）的感性属性评价。

产品感性设计系统，首先需要对产品特征进行感性编码或赋值，然后形成产品特征感性知识库，再按照一定的算法结构进行感性计算，而后得到结果。所以，产品感性设计系统有如图5-4所示的程序结构。

正如前述，产品感性不是一种孤立的存在，而是融汇于产品功能美、形式美、使用美和生态美之中。产品特征，既包括对应产品美的局部特征，又包括产品特征整体构成关系。同理，产品特征感性属性知识库，需要包含产品特征整体构成关系；产品感性算法，需要基于整体产品美的形成与作用关系。否则，产品感性设计系统并不能输出产品感性属性的最终结果，还需要对其进行再度综合评价。

那样就会因出现过程浪费而损害实用性。

可是，由于产品功能、产品结构（包括零部件的形状、材质、表面处理和装配关系等多重内容）以及它们之间的相互作用，都对产品感性产生影响。并且这种影响具有关联性，使得分析与读取产品特征，进行产品特征感性编码和设计产品感性算法，都是非常复杂的信息处理过程。虽然在产品设计开发中，已普遍关注到产品感性，并按照产品造型设计实施原理，也能得到融汇于整体产品美中的产品感性解决方案，但目前对产品感性设计系统，还只是处于概念和研究阶段。

未来，随着产品系统构成、产品实现工业过程、产品美学等相关领域更充分的发展进步，以及对它们更深入地复合应用，可以期待包含产品感性子系统在内的高效产品综合设计系统的出现及其实用化。

产品特征读取 → 产品特征感性属性编码 → 产品特征感性属性知识库 → 产品感性算法 → 输出产品感性属性结果

图5-4 产品感性设计系统程序结构

☆ 相关知识

▶ 工业设计术语的泛滥及其对受众的误导

术语是为了提高交流效率，用来指代某种对象的简洁词汇。有某种对象的存在，是提出对应术语的前提条件。

但当前有太多工业设计术语，并没有对应的实在对象。比如"人性化设计""情感设计""用

户体验设计""绿色设计""可持续设计"等。

工业设计的宗旨是创造高尚生活品质，途径是实现技术资源最佳效益，核心业务是产品造型设计。

为了赢得市场竞争，实现环境资源可持续发展，产品设计开发须践行现代工业设计系统优化思想。

在具体的产品设计开发实践中，工业设计师团队以产品造型设计为载体和驱动，在由所需各种专业知识技能人员组成的产品设计开发团队中，通过追求技术进步及其与相关资源最佳配置，引领合理地选择与组织相关技术知识的复合应用，持续地创造、优化或保持满足人类物质和精神需要的产品、服务和环境，使技术资源应用效益最大化，获得最佳投入与综合产出比，并传播高尚文化。

产品造型设计是工业设计师团队在贯穿产品设计开发全程，宣贯、践行现代工业设计系统优化思想，遵循产品实现工业过程技术规定性，并结合产品美学，完成产品功能原理模块及其支撑结构，整体自内而外同步系统优化的结果。

产品开发虽然由团队成员协同应用各种专业知识，但在工业设计牵引力作用下，产品开发的结果就像这些知识来自同一个大脑。产品系统并行优化：功能合适，造型简洁、合理、谐致、新颖，结构轻便、节约、安全、可靠、宜用。而且，造型、结构与功能相互支持、相互促进、相互成就。每一份资源投入都有理想的回报，每一个造型特征都设计有包含美的创造在内的相应，甚至多重产品功能或性能的优化。

所以，"人性化""情感""用户体验""绿色""可持续"等是产品造型应有之义，无须单独提出"人性化设计""情感设计""用户体验设计""绿色设计""可持续设计"等。

对于已经完成的设计方案或已经开发出来的产品，可以结合"用户体验""人因工程""环境资源可持续性"等项目测试，进行产品质量综合评价。但在产品造型设计阶段，是一个复合应用以产品美学和产品工业实现过程为主的多学科知识技能体系，统一并行地综合创造产品美全部内容的系统优化过程——产品功能美、形式美、使用美、生态美、体验美，共融、共生、共促，同步达成；并没有可以分裂开来、需要单独完成的"人性化设计""情感设计""用户体验设计""绿色设计""可持续设计"等部分。否则，必然会降低设计质量，延误设计周期，分割和破坏产品整体性能，增加产品开发成本。

所以，在产品造型设计中，并不存在这些名词指代的孤立对象，严格来说，不能称之为术语。而且它们之间相互重叠、指向混乱。如此泛滥模糊，严重干扰、误导了学生、教师、企业研发人员和管理者、消费人群等广大受众对工业设计、产品设计和产品造型设计的认知。

撇清漂浮在产品设计表面的语汇干扰，透澈、实在地学习产品造型设计，方得职业正途。

💡 本章小结

产品心理宜用性，是产品在全生命周期内，与受众健康的心理需求相适应的属性；是在用户接触和使用产品的过程中，实现产品体验美的前提条件；是产品造型设计过程中必须统筹规划的内容；也是经由系统优化后得到的产品造型方案必然包含的属性。

💡 思考题

1. 如何认识用户体验的个体差异？
2. 请论述健康的个性需求的特征。
3. 请论述"对产品美的综合科学创造，是产品具备心理宜用性的前提条件，是体验美的根本来源"。
4. 差异化就可以形成产品风格吗？
5. 请谈谈你对产品感性设计系统的认识。

第6章
产品色彩应用原理

6

PPT 课件

从自然界到人造物，美妙的色彩，绘就生活的华章。人类既师从自然，又人文进化。无论景观建筑、服饰装扮，或文化娱乐、用具装备，色彩应用，皆有分量。其中，产品造型是在产品全生命周期内，完成产品与人—机—环境关系综合优化的过程中同步得出的，优美的造型自然包含合理的色彩应用。由于造型设计需要遵守和利用成色工艺技术规定性，色彩应用在产品造型设计中有着相对特殊的作用。

6.1 色彩对生活品质的影响和对产品市场竞胜的重要作用

每个人都想有更好的生活质量。对美好生活的向往是人类发展进步的原动力。

因为色彩赋予自然界和人造环境条件更丰富的品质，给与和满足人们更多的心理期望和感受体验，所以成为创造和影响人类生活品质不可或缺的重要内容和手段。

由于批量化生产的工业产品，根植于人们生活、工作的每个环节，因而产品造型设计中的色彩应用，不但促进或延阻人们的审美认知，营造或破坏人类的生活品质，还影响人们对产品造型设计优劣的评判、消费心理的变化，以及最终的购买选择。

在日常消费过程中，经常会有这样的经历：产品形态感觉很漂亮、很满意，工艺很精湛，一切都很难得，可唯独色彩不好看，应用不合理，只得遗憾地放弃购买计划。产品的其他优点都被拙劣的色彩应用掩盖、阻挡，失去实现价值的机会。这无论是对消费者，还是对制造商，都是多么令人唏嘘痛惜的事情。

在产品造型设计中，产品形状的改变，由于涉及材料成型工艺，因而成本相对较高，甚至很高；而改变产品色彩并不涉及、不需要改变原本的成型工艺，而只须改换色料，或最多改换表面处理工艺。因而，改换、优化色彩应用方案，对产品成本基本没有影响，而且实现周期很快。

由于色彩对人们视觉刺激最快，对消费者具有快速的吸引与影响效果，所以色彩应用是快速改观产品造型设计效果的最经济手段。

色彩对人们视觉刺激最快，其次是形态，最后是质感（形状和色彩都可以单独传递一定的质感，结合纹理——即由成型方式和表面处理工艺形成的表面特殊形式，用表面粗糙度变化或花色纹路变化，呈现近观时的表面质感。工业产品多宜为细滑表面，且家具以外的产品多宜用纯色，因而质感主要由色彩传递），故色彩对消费者具有最直观的吸引力与影响力。

综合得出，对制造供应商来说，产品色彩应用对其市场竞胜有特殊的重要作用。

色彩设计是产品造型设计的重要组成部分。合理的色彩应用，提供给人们良好的生理、心理体验，帮助人们克服精神疲劳，促进工作效率，提升生活品质。产品造型设计须充分重视色彩应用，研究和遵守产品色彩应用原理。在对现有产品造型的优化设计中，更要注意利用产品色彩可以快速、经济地改变造型质量的优势特点，以适应、满足市场响应速度。

6.2　色彩的物理本质及其相关属性

因为产品开发都是团队合作行为，甚至是多行业、多地区、跨企业的合作过程，学习色彩的物理本质及其相关属性，利于丰富工业设计师知识结构，方便开展与产品开发团队成员之间的沟通交流，从而有效完成业务合作。

色彩的物理本质是视觉对光波，即电磁波谱中可见光的反应。可见光通常是指频率范围在 $3.9 \times 10^{14} \sim 7.5 \times 10^{14}$Hz之间的电磁波，其真空中的波长为400～760nm。

为便于研究与应用，人们对色彩分类等常用属性通过一些概念给出了规定。

6.2.1　电磁波与可见光（光波）

6.2.1.1　电磁波

电磁波是能量的一种，凡是高于绝对零度的物体，都会释出电磁波。且温度越高，放出的电磁波波长就越短、能量越高。

电磁波的传播速度c等于波长λ和频率f的乘积，单位：m/s（米/秒），c是一个物理学常数，其数值是299792.458km/s≈3×10^8m/s，电磁波在真空中的传播速度是自然界中物质运动的最快速度。

电磁波频谱是按电磁波的波长λ或频率f的顺序形成的排列，简称电磁波谱（图6-1）。

6.2.1.2　可见光

可见光又称光波，是电磁波谱中人眼可以感知的部分。可见光谱没有精确的范围：一般人的眼睛可以感知的电磁波波长为400～760nm，但还有一些人能够感知到波长为380～780nm的电磁波。

不同频率（波长）的光波，引起人们产生不同的色彩感受。这种由于频率（波长）不同，使人产生不同颜色感觉的光，称为单色光。单色光不能被棱镜再次发散。正常视力的人眼，对波长约为555nm的电磁波最为敏感，这种电磁波处于可见光谱中的绿光区域。

白光是由不同频率的单色光，按一定比例汇合而成的。将一束白光（如太阳光）射在棱镜面上，经过棱镜折射，由于各种色光折射率不同，会发散成红、橙、黄、绿、青、蓝、紫七种颜色排列的光谱。

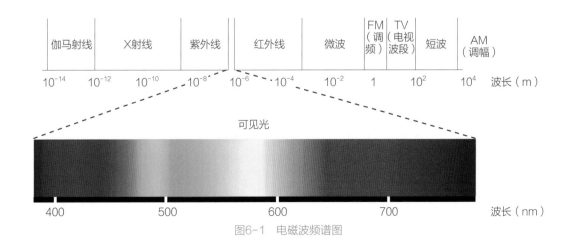

图6-1　电磁波频谱图

6.2.2 色彩分类及其属性

6.2.2.1 物体色彩

不透明体色彩，源于其反射的光波；透明体色彩，源于其透过的光波。物体、光照和健康视觉，是人们感知物体色彩的前提条件。照射在非透明物体上的光线，若全部被反射，物体呈白色；若全部被吸收，则呈黑色。若是物体只反射某种色光而吸收了其他色光，则呈现反射色光的颜色。

照射在透明物体上的光线，若全部被透过，物体呈白色；若全部被吸收，则呈黑色。若是物体只透过某种色光而吸收了其他色光，则呈现透过色光的颜色。

6.2.2.2 色彩分类

按照是否有人类参与、色彩来源、是否经由混合，色彩分类汇总如图6-2所示。

很多自然色彩给人以和谐的美感，是人们观赏和学习的源泉。人为色彩是人类师承自然，通过人文进化，发现、制造了各种色料和器材，进而得到的色彩。

写实色彩如绘画、影视等，是仿照自然界中的色彩。

装饰色彩也称设计色彩，是利用发色材料获得的。

固有色指在日光下物体原本呈现的颜色。

光源色是指发光体散发出的颜色。同一个物体，在不同光源色照射下，会呈现出不同的色彩效果。

环境色是指物体周围环境的颜色。环境色也会影响到物体最终呈现的色彩效果。

固有色、光源色和环境色同时存在又相互影响。

光源色和环境色是物体色彩变化的外部条件，又称其为条件色。

产品色彩应用，需要考虑特殊场合的光源色和环境色对产品最终色彩效果的影响。

6.2.2.3 原色

原色是指不能通过其他颜色混合调配而得出的颜色。原色也称基色，又称一次色。

肉眼所见的色彩，可由被称为"三原色"的三种基本色混合而成。"三原色"分为叠加型的色光三原色和消减型的色料三原色。

色光三原色（又称加法三原色）为：红（Red）、绿（Green）、蓝（Blue），如图6-3中图（a）所示。

原色两两等量混合可以得到更亮的中间色：黄

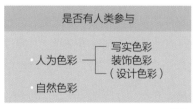 

图6-2　色彩分类汇总

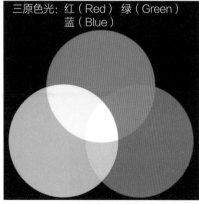 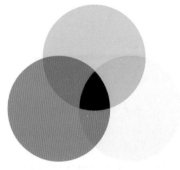

（a）色光三原色　　　　　　（b）色料三原色

图6-3　色光三原色与色料三原色

（Yellow）、品红（Magenta）、青（Cyan）。红、绿、蓝或黄、品红、青三种等量组合，可以得到白色至黑色（中间为灰色）。

白色至黑色为无彩色。除无彩色外，其他颜色都是含彩色，简称彩色。

以不同比例将原色混合，可以产生其他新颜色。

除色光三原色外，还有另一种三原色，称色料（颜料）三原色（又称减法三原色），如图6-3中图（b）所示。

不同于色光是一种辐射能，色料是以相应的有机物或无机物组成的色素。

色料吸收光线，而不是将光线叠加。因此色料三原色就是能够吸收RGB（R=red，G=green，B=blue）的颜色，为青（Cyan）、品红（Magenta）、黄（Yellow），即RGB的补色。

6.2.2.4 混合色

混合色包括间色和复色。间色是由两种原色等量调配而成的颜色。间色又称为二次色。三原色和三间色为标准色。复色也称三次色、再间色，是由三种原色按不同比例调配而成，或由间色加间色而成。因为含有三原色，所以含有灰色成分。复色的种类繁多，千变万化。

一种原色和另两种原色调配的间色互称为补色或对比色，如品红与绿、蓝与黄等。补色的特点是把它们放在一起，能最大程度地突出对方的鲜艳。

一对补色之间，完全不含另一种颜色。两个等量补色混合，也形成白色（加法混合）或黑色（减法混合）。

6.2.2.5 色彩三要素

色彩可用的色相（也称色调）、明度（也称色值）和纯度（也称饱和度、彩度或颜度）三种属性——合称色彩三要素，来完全描述。

（1）**色相。**色相取决于色彩包含光波的波长范围。波长不同，色相不同。

理论上，色彩有无限种。据资料显示，人眼可以辨认的色彩多达750万～1000万种，只是能叫出名字的并不多。实际上，人类视觉分辨力是有范围的。若在某一波长范围内，人类视觉感受不到不

同，即可将该波段视作同一种色相。

混合色（间色和复色）包含多种色相。在可见光谱上，色相从红到紫呈直线排列。其中，红、橙、黄、绿、蓝（青包含在蓝内）、紫是6种具有基本感觉的标准色相，将其沿圆周排列即形成六色色相环。在两种色之间插入中间波段，则形成12色色相环（图6-4）。还可以进一步扩展成24色色相环……

对色相环可以给出相应的名称和符号，实施色彩标准化，方便应用、管理和评价。

（2）**明度。**明度指色彩的明暗程度。相同色相，明度不同，会给人造成不同的视觉效果。明度越高，反射率越高，就有更多光刺激人的眼睛。所以，明度又称色值。

用黑白两色混合成9种明度依次变化的灰色，再在对应的两端加上黑、白色，即可得到11个不同的明度序列。可以用之来衡量其他色彩的明度差别。

不同的色相有不同的明度。不同的光照也会改变色彩原来的明度。

（3）**纯度。**纯度指色彩中色相的分散度。若色彩只含一种色相，称为纯色，或饱和色。

在白—灰—黑无彩色系中，没有纯度差别，只有明度差别。

彩色都有纯度值，无彩色的纯度值为0。对于彩色纯度的高低，按照其含灰色的程度来判定。

在纯色中逐渐掺入白色，则纯度逐渐降低，明

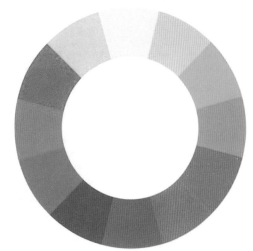

图6-4 12色色相环

度逐渐增加，称为欠饱和色。在纯色中逐渐掺入黑色，纯度逐渐降低，明度也逐渐降低，称为过饱和色。

另外，物体的表面质量、周围环境也会影响最终的色彩效果。

普通消费者一般以观察到的实际呈现，来区分和判别产品色彩的应用效果，这完全可以满足色彩审美需要，并不是非得理解和准确应用色彩术语。

为了提高交流效率，作为色彩专业工作者，产品造型设计师应准确、透彻地掌握色彩术语。

6.3 色彩应用术语

为了方便研究与应用，人们根据色彩应用的过程体验和需要，提出一些色彩应用术语，定义其概念与对应内容。与"6.2 色彩的物理本质及其相关属性"所述均为客观内容不同，色彩应用术语是通过人类主观对客观色彩世界的加工产生的，因而，对同一个色彩应用术语，依照不同应用领域，有其表达方式多样性和表达内容多样性。

6.3.1 色彩空间

色彩空间是人们按一定规律改变色彩物理属性，从而组合出机器或人眼可以辨识的不同色彩样本集。下面简单介绍常见色彩空间。

6.3.1.1 色卡

按一定规律排列的色彩卡片称为色卡。例如GSB 16-2062-2007《中国颜色体系标准样册》和美国PANTONE色卡、德国RAL色卡（图6-5）等。

6.3.1.2 国际照明委员会（根据其法语名称简写为CIE）色度学系统

为了统一颜色的表示方法和测量条件，国际照明委员会在1931年同时推荐了两套色度学系统——1931CIE RGB系统和1931CIE XYZ系统。

1976年，为了解决色彩空间感知一致性问题，国际照明委员会对1931CIE XYZ系统进行了非线性变换，制定了CIE 1976 $L^*a^*b^*$色彩空间规范。

图6-5 RAL色卡

CIE 1976 L*a*b*色彩空间规范对应两种色彩空间：一种是用于自照明的颜色空间，即1976CIE LUV；另一种是用于非自照明的颜色空间，即1976CIE L*a*b*，或称1976CIE LAB。这两种颜色空间对于颜色的感知更均匀，并且给了人们评估两种颜色近似程度的一种方法，允许使用数字量ΔE表示两种颜色之差。

6.3.1.3　色立体表色体系

色立体即将色彩的色相、明度和纯度，依顺序变化排列成三维立体。其中央垂直轴，采用非彩色白—黑；白色在顶部，黑色在底部。色样与中央轴（纯度为零）的水平距离，表示纯度的变化值。离中央轴越远，纯度越大。色立体的水平剖面形成色相环。

孟塞尔色立体（图6-6）是较常见的一种，其他还有奥斯特瓦德色立体、日本色彩研究所色立体等。

6.3.2　色彩工学

有关色彩应用与工程质量关系的科学为色彩工学。比如色彩形成的工程环境对作业过程的影响，色彩应用对产品造型质量的影响等。

6.3.3　色彩分类

根据人的心理感受，把颜色分为暖色调（红、橙、黄）、冷色调（青、蓝）和中性色调（紫、绿、黑、灰、白）。对冷暖色调的定义，依据为人的主观感受。而人对色彩的感受是多方面的，不仅仅是冷暖感觉。尤其工业设计中的产品色彩应用，需要依据更具体的多方面内容。

6.3.4　计算机色彩模型

在各种软件工具中，色彩的形成过程及结果称为计算机色彩模型。

常用的计算机色彩模型有RGB、CMYK、HSV、HSL、LAB等种类。

6.3.5　测色计

用于测量检验色彩的设备称为测色计。常用的

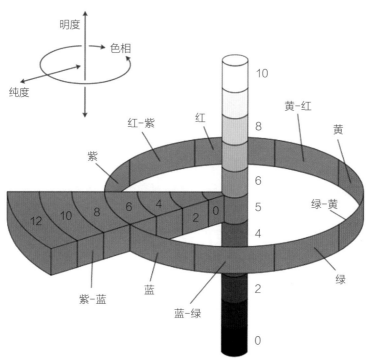

图6-6　孟塞尔色立体

测色计有分光光度计、色差计（图6-7）等。

产品色彩应用，一般依据人的肉眼可以判别（肉眼不能判别的色差无意义）。只有解决商业争议时，才会使用测色计。

6.3.6 配色

配色分为电脑配色和实物配色。电脑配色即通过计算机数据形成色彩模型。实物配色则是利用颜料和相应的成型或表面处理方式，形成实际物体色彩。

6.3.7 流行色

某个时期、某个范围内的人群共同爱好的色彩

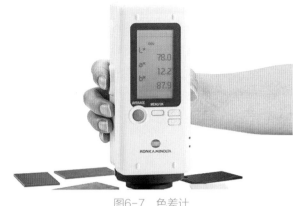

图6-7 色差计

称为流行色。流行色是一种社会局域民众的心理产物。它主要与当地、当时人们的审美水平，和依此对其受到的外部输入因素影响的反应质量有关。流行色不一定就是好看的颜色。

6.4 色彩应用效果泛谈

对人类来说，色彩应用效果是客观的。但具体到每个人，对色彩应用效果的认识，又是有差异的和逐步改变的。所以，需要研究和学习产品色彩应用原理，以提高对色彩应用的认知，获得更好的色彩审美体验，享受高尚生活品质。对工业设计专业的学生来说，产品色彩应用原理，更是进行和完成产品造型设计之必需知识模块。

为了方便大家逐渐领会产品色彩应用的规律，我们先泛泛地（不局限于产品色彩领域）谈谈有关色彩应用的一些知识，为介绍产品色彩应用原理做一些准备。

6.4.1 色彩应用效果是客观的

科学地说，色彩应用效果是客观的——不仅仅是产品造型中的色彩应用，在服装、建筑、环境、文化产品等其他人文领域也是如此。

说色彩应用效果是客观的，是指色彩应用效果的好坏，不以人的意志为转移。然而，现实中对色彩应用的看法，时常又是因人而异的。这是因为人们的认识是不平衡的。无论是个体，还是群体，对

美的认知，其中也包括对色彩应用的认识和感知，都在变化之中。

当我们由相对初级的认识，得以提升到更高级的认识时，就可以获得更高品质的审美体验和满足。这时，还可以比较清晰地体会到过去认识的偏颇和不足，以及错过的美好审美体验。人心都是向上的，都盼望有机会获得提高，以拥有更好的生活品质。

现在我们再来说"色彩应用效果是客观的"，是指对有正确认识能力的人，即使不在同一个场合，但对同一种色彩应用效果的评判是一致的。对于暂时还不能正确认识而导致的认知差异，可以通过学习色彩应用原理来提高。这也是人们内心所期望的。

6.4.2 色彩有无限种

色彩设计有无限寻解空间、无限色彩空间供我们挑选和欣赏。实际生活中，人眼能辨别的色彩是有限的，但也多达750万～1000万种。所以完全可以说色彩设计有无限寻解空间（图6-8）。但前提是

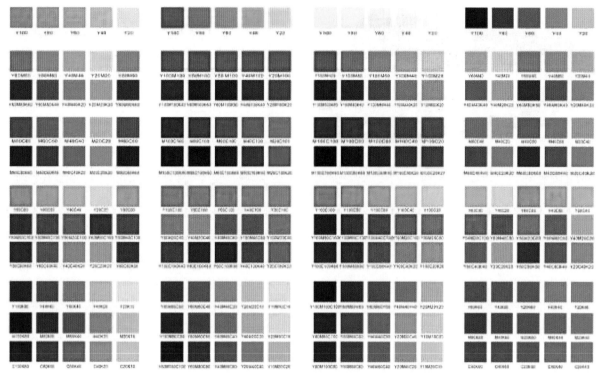

图6-8　色彩设计有无限寻解空间

有认识、评判和选择色彩的能力。

根据消费行为以及其他色彩实践经验估判，有20%~25%的受众具有较合理的认知和评判能力。这不单是一个很大的绝对数字，由于正确选择产生的叠加效应，还使其成为足够强大的商业色彩方案评判力。

按照产品色彩应用原理，每种产品都可以寻得多种科学的配色方案。同样，如果不掌握产品色彩应用原理，也会制造出多种拙劣的配色方案。

6.4.3　色彩适用性的差异

人们经常听到"我喜欢的色彩……""我不喜欢的色彩……"——这是值得注意的：有很多的"我"具有相同的喜欢和不喜欢；"我"不是个体，是一个属类，或称族群。而"我喜欢"和"我不喜欢"，抛去其中的主观因素外，还存在符合科学道理的成分，即色彩存在适用性的差异。

当人们还没有形成科学的审美观时，此时的"喜欢"往往还驻留在简单猎奇或盲目跟风的阶段。但所有相关情况，色彩从业者均应把握和应对。

6.4.4　色彩的功能

总体上，按实际应用中的频次比重，色彩的功能依次是满足审美需求、指示信息和适应人的生理特性。

6.4.4.1　满足审美需求

满足人们的审美需求，是色彩应用最重要的功能：通过直接刺激人的眼睛，形成美好的色彩视觉体验；还可以通过色彩与色彩符号的象征，引起人们的想象，丰富人们的审美感受。

6.4.4.2　指示信息

通过相关标准或某种范围内的应用习惯，色彩可以传递相应信息。比如基色中黄色明度最高，最易视辨，被选作校车的颜色（图6-9）。

6.4.4.3　适应人的生理需求

通过选择合适的色彩，减少色光对肉眼的刺激，降低视觉疲劳。在产品造型设计中，尤其是产品主色，色块面积占据产品外观的主体，除标准规

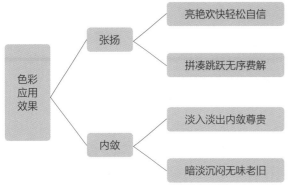

图6-9 校车

定以外，宜尽量选用低颜度的复色，既柔和，又雅致。

在实际应用中，色彩的功能并非孤立排列，而是联动作用。合理的色彩应用，总是统筹兼顾。比如利用色彩指示信息，一方面要求有良好的视认度；同时也要降低对视觉的过多刺激，还要兼顾人们的审美需求。

6.4.5 色彩感情说

不同的色彩，会带来不同的感受。随着新科学、新技术、新事物不断发展更新，世界越来越丰富多彩，人们的阅历与感受越来越丰富，越来越向往高尚、向往文明；对色彩应用的认识和感受，越来越突破局限、趋向本心。

因而，从业者对色彩的认知与把握，需要从服务社会文明，提升审美文化出发，贴合实际应用环境和应用过程，不能简单教条化。

6.4.6 谈及流行色

世界上有许多流行色研究预测机构。但实际的流行色并不是他们预测研究出来的，而是产品供应商与消费者共同创造出来的。

流行的也并不都是好的。好的可以流行，因为满足了人们的审美需求。坏的也可以流行，因为促成或迎合了人们的初级审美需求以及猎奇和跟风心理。所以两者流行的范围、状态、周期和后续影响均不相同。坏的流行会很快消失，好的流行却演变为经典。

当人们的审美能力普遍发达时，就不会出现流行色：不合理的色彩应用没有市场；合理的色彩应用会被人们普遍接受，其生命周期很长，只随生产技术革新而局部进化。

6.4.7 色彩应用效果分类

从广义的色彩应用对象来说，色彩应用效果可以从张扬到内敛做简化对比，如图6-10所示分类。即色彩从张扬到内敛都有应用得好的，也都有应用得不好的。

亮艳色彩适用于景观、舞美，以及救护、警示等特殊功能需求。除专用场合以外，普通产品宜选用低纯度复色，显柔和、敛致（图6-11）。

图6-10 色彩应用效果分类

图6-11 低纯度复色——柔和、敛致

6.5 产品色彩应用原理详解

产品色彩应用原理，基于人类的生理和心理需求，来自于形式美法则和产品实现工业技术规律的结合，是产品美学在产品色彩应用中的延伸。

6.5.1 主色和辅色的概念

为了便于进行色彩分析，按结构形式把产品分成三类（图6-12）：壳（实）体式、框架式、壳（实）体与框架组合式。电器和交通工具多为壳体式，或称箱（厢）体式结构；家具多为实体式结构；作业装备多为壳体式或组合式结构；健身器材多为框架式或组合式结构。

6.5.1.1 主色源、主色

产品正常工作时，起支撑、保护作用的基础结构的外观部分，称为主色源；其呈现的色彩，称为产品的主色。

对于壳（实）体式结构，其外表面的色彩是主色；当内表面为常态使用空间时，比如小汽车的乘用空间、冰箱的储物仓等，其色彩也属于主色。

对于框架式结构，产品主体框架外观部分的色彩是主色。

对于组合式结构，壳（实）体与主体框架外观部分的色彩是主色。

6.5.1.2 辅色源、辅色

产品正常工作时，除起支撑、保护作用的基础结构之外，还有其他结构，承担着不同的功能输出。这部分结构的外观部分，统称为辅色源；其呈现的色彩，统称为产品的辅色。

图6-12 色彩分析中的产品分类及示例

6.5.1.3　辅色源分类及特性

辅色源分为三类：

第一类为主色源上的功能字符或其他功能特征。

第二类为主色源之外的外购通用件。

第三类为主色源之外的自制件。

第一类辅色源举例：通过丝网印刷（图6-13中的Logo、操作键功能字符）、塑料注射、钣金模压、有色合金压铸等工艺，制成的功能符号、Logo、产品型号或其他种类的功能形状。通过注射、模压和铸造工艺在基面上形成的形状，宜与基面采用同一种色彩。对这类与基面一体化的辅色源，将之直接归属于主色源（图6-13中的扣手）。

第二类辅色源举例：常见的包括指示灯、操作装置、功能接口、紧固件等外购通用件。

第三类辅色源举例：常见的包括指示灯罩、观察灯罩、显示屏罩（图6-13中的显示屏罩）、操作装置自制件（图6-13中的操作旋钮）、功能接口自制件（图6-13中的投衣口组件等），以及可能的自制外接线缆组件、单独Logo自制件、单独产品型号自制件（自制指企业专用，与第二类中的很多企业都能应用的通用件相对，并非指不可以外协加工）。

在这类辅色源中，除指示灯罩、观察灯罩、显

示屏罩以外，均以采用与基面轮廓相同的色彩为宜（图6-13中的操作旋钮、投衣口边框等）；指示灯罩等类因为需要透明度，一般采用与基面轮廓相近的色彩，宜与基面形成明度调和（图6-13中的投衣口观察罩），其次是与基面形成明度对比（图6-13中的显示屏罩）。需要注意的是，透明罩类的有效色彩，不只是其本体的色彩，而是其透光范围内，所呈现的叠加色彩。

如上所述，产品中的辅色源，都有各自对应的实际功能。去除任何一种辅色源，要么产品不能工作或影响工作条件，要么产品性能表达不够清楚。并且辅色源均具有不外现则不能实现其功能的共同特征。

若某些自制零部件的外露轮廓与产品主体轮廓基面相重合，则其应采用与基面一致的色彩。对这类色块，也划归基面主色源的组成部分（图6-13中右上部的操作按键，右下部的过滤器面板）。

若有某些露在表面的零部件，具备某种实际功能，但不露在表面也能完成其功能的，则宜修改设计，将该零部件整体隐匿，既让外观更为简洁，也能降低制造成本。

辅色源特征及分类汇总，如图6-14所示。

列划辅色源，要基于产品的完整工作状态、应用过程和相关整体环境。比如与产品配套、布置于产品主体外部的连接线缆等辅色源就容易被忽略。

在一种设备中，主辅色的界限区分是确定的。与起支撑、保护作用的基础结构相比，外观的功能输出结构，多呈现出较小的体面积。

产品的全部色彩视觉效果由主色、辅色、缝隙和光影所构成。

一般来说，在实际产品设计开发过程中，主色是可以由工业设计师主动选择的，因为产品壳体或

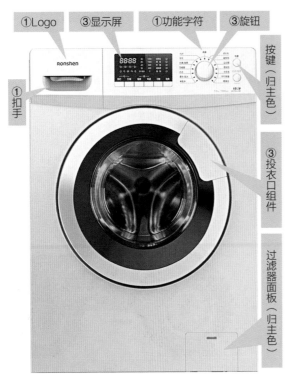

图6-13　辅色源示例

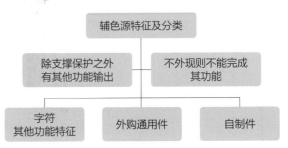

图6-14　辅色源特征及分类

实体、产品主体框架，往往是为当前设计开发的产品使用而新作的（有时，为减少成本或延续产品特征，也有使用已有通用件的情况）。

辅色的情况比较复杂。主要是在第二类辅色源中的外购件，其色彩往往是已有的一种或有限的几种色彩。因为外购件往往有很大的通用性，供应多种产品、多家需求方；这是外购件存在的条件。

工业设计师若超出原有色彩品种，对外购件主动提出要求，则供货商需要定样而做，需要改变既定的生产过程，这样增加了供货商的制造成本，因而外购件供货价格也会升高。所以，设计师一般都是从供应商已有规格中选择；作为通用件出品商，应该结合服务领域，尽可能提高通用件色彩的适应性。

还有，第一类辅色源中的产品Logo，有的是固定的色彩；也有同一个品牌，有多个Logo变体，有多种色彩，甚至多种形状。但这多少都会对品牌传播，以及消费者对品牌的认可度，带来消极影响。也有的产品Logo或产品型号，是一个独立的自制件，这时，应将其归入第三类辅色源。

6.5.1.4 对产品色彩划分主色、辅色的客观需求

对产品色彩划分主色和辅色，来自如图6-15所示的客观需求。

除前述在对辅色源分类分析中述及以外，划分主辅色还可以通过对主色种类数量的限制、选择主色的依据、搭配主色的方式、对主辅色的统筹，以及产品形式美法则等因素综合分析，从而发现不必要的装饰或烦琐的形状设计。

6.5.2 对主色种类数量的限制

除玩具或娱乐设施外，产品主色数量不宜多，一般不超过3种。增加主色种类须来自于材质、表面处理等因素变化的需要。

限制主色种类的原因，来自于审美、产品功能、成本控制的需要。在生产过程和日常生活中，每一种产品都不是孤立存在的，而是和相关多种产品、固定或活动场景，共同组成最终的应用环境（图6-16），供人们参与其中，完成工作程序、生活活动、生理体验和审美感受。

可以想象，每一种产品只呈现一种色彩，人们面临的视觉刺激已经很杂乱了。呈现和谐、统一色彩次序的应用场景，才利于提供给人们美好的视觉及心理享受。

产品色彩主体是静态的，有的还很闪亮、反光刺眼，如显示屏、指示灯等。不同于公园里的游客，无论工作场合还是家庭环境，人们都需要重复停留较长时间。为了减少视觉疲劳，获得良好的应用效果，以及美好的心理感受，往往需要对相关一系列多种产品、固定或活动场景，统筹谋划色彩应用效果。

这是一件非常有意义的事情，每每又是很困难的事情。因为一般来说，它们不是来自同一时间，不是来自同一个设计开发团队，甚至涉及多个企业、不同行业。即使全部产品来自同一提供方，主色种类也是越少越好；每增加一种主色，一定要基于功能、材料、制造工艺等因素的实际需求。

颜色多了，容易出现不谐调，容易导致人体感

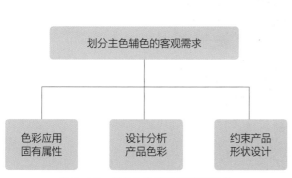

图6-15 划分主色辅色的客观需求

图6-16 人类日常活动场景（百姓网）

官疲劳，进而影响产品功能的发挥与应用。颜色种类越多，设计、制造、使用和维护的成本也会增高。所以，一种产品宜采用最少的色彩种类，既便于给人们提供和谐的视觉感受，也利于产品使用，利于降低产品成本。

统一的色调氛围，最适宜形成和谐、美好的视觉体验，因而往往需要付出较高的费用（购买相应的产品附加价值），尽管如此，其比色彩种类更多的产品耗费的成本还要低。

6.5.3 选择主色的依据

选择主色，基础是选择主色的色相。选择主色需要考虑的因素有：产品使用标准、产品功能、应用环境、降低视觉疲劳、经济性和审美体验。

（1）**适用标准。**在有适用标准时，须准确理解标准的具体要求并对照执行。尽量遵守行业习惯用色。

（2）**产品功能。**应与产品功能相适应，突出产品功能，避免与产品功能冲突。

（3）**应用环境。**要与应用环境相谐调，尽量自然融入周围环境。

（4）**降低视觉疲劳。**一般通过降低主色颜度、明度、反光度，以及前述的减少主色种类，增强主色调和，来控制产品色彩对人体视觉的过度刺激，以降低视觉疲劳。

比如采用喷涂亚光漆、磨砂漆等表面处理工艺，降低色彩明度、减少反光强度。

（5）**经济性。**统筹考虑与产品制造过程相关因素，如选择适宜的产品材料、表面处理工艺等，以降低制造成本。

（6）**审美体验。**一般不用基本色（基色和间色），或与之接近的色相，而多用复色。

由于自然造化，以及人类师从自然、不断取得色彩形成技术的过程中，基色和间色或与之接近的色相，已经出现的太多了，人们对这类色彩已习以为常。

但最重要的还是复色含灰，变化更多、意蕴丰富。如蓝灰、青灰、绿灰、黄灰……随着色相混组的变化，不一而足，写之不尽。尤其是低纯度复色，柔和内敛、清雅别致，适宜选作产品主色。

基础色相以黄—绿—蓝区间较好（图6-17）。因为该区间的低纯度复色，明度较高时显轻松，明度较低时显稳重；同时尤显柔和、敛致。

选择主色须统筹考虑以上因素，使它们相互支持、相互成就，最大限度地减少主色种类。主色一般都选用纯净色，少用花色。当主色有多种时，色彩种类的增加，须基于产品标准、产品功能或降低产品成本的需要。切忌在客观需要之外，人为地增加主色种类。

对于目标用户是某些组织或特殊身份的人士，无彩度低色值色彩，彰显稳重、庄正、严肃、静穆；无彩度高色值色彩，凸现纯洁、神圣、公平、宁静。进而可以联系、传递身份与精神。

对于纯审美功能输出的产品，无彩度低色值色彩，可以扩大形式与功能的反差，从而不干扰人们对产品功能输出的审美享受。

男士个人用品，也可以选用浅灰到深灰之间的无彩度色彩，或弱彩度复色，衬托干练、雅致。女士个人用品，相较则可以采用低彩度到中彩度的复色，呈现清雅、秀丽。

6.5.4 搭配主色的方式

在产品开发实践中，为获得优良的性价比，往往需要对不同部位的零部件，应用不同的材料，相应不同的成型方式，也有可能采用不同的表面处理工艺。

不同的表面处理工艺所形成的色彩，具有不同的物理化学属性。不同的材料，即使采用相同的表面处理工艺，色彩属性也有差异。比如不同的老

图6-17 产品主色色相示意

化速度,会导致产品使用一段时间后,色差发生变化,可能会与最初的色彩效果大相径庭。

为了避免发生上述一类结果,产品造型设计师在最初做色彩选择时,根据产品不同部位的材料差异等制造过程因素,并结合积累的产品过程经验,有时会主动选用不同的色彩组合。

产品主色有同色、调和、对比三种搭配组合方式。

其中,同色最好,也最常见;即对产品各部位的主色源,均采用相同的色彩,从而获得纯净、统一的视觉效果,提升产品(造型)整体感(图6-18)。

同色搭配,不但利于获得对产品本身的良好视觉体验,也有利于减少最终应用环境中,配套产品之间的色彩不谐调因素。但须采取应对策略,控制产品使用过程中,可能由色彩老化引起的差异。

若产品各部位使用了同一种材料,除了有特殊原因限制以外,均宜采用同色搭配。当有材质变化、功能要求等条件限制时,主色也可采用基于同色相的明度调和搭配,或是基于同色相的明度对比搭配。

如图6-19所示为基于某一色相的明度连续变化,以及相近明度组成的调和搭配样例。

主色的调和搭配对色彩种类有要求:一般是越少越好,最好是两种。若是由两种色彩形成的调和搭配,体面积不能接近,最好有明显的差别变化(图6-20)。

如图6-21所示为基于同一色相的明度对比色彩样例。对比搭配要求更严格:一是色彩种类只有两种;二是体面积要有明显的差别变化(图6-22)。

综上所述,条件许可时,宜采用同色搭配;有限制条件时,可以采用基于同一色相的明度调和搭配,或是基于同一色相的明度对比搭配。调和或对比搭配需遵守相应的条件,避免人为增多主色色彩种类。

图6-18　产品各部位的主色源均采用相同的色彩

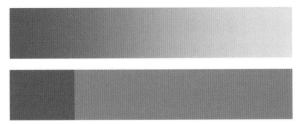

图6-19　明度调和色彩样例

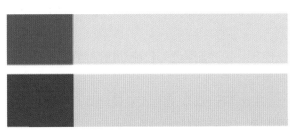

图6-21　明度对比色彩样例

图6-20　明度调和搭配示例

图6-22　明度对比搭配示例

6.5.5 对主色和辅色的统筹规划

要取得良好的产品色彩应用效果，需要对主色和辅色进行统筹规划。

首先要盘理清楚辅色源，即全部辅色共有哪些组成内容，各自分布区域；哪些色彩是已经确定的，哪些是可以重新规划的。

其次依据辅色和主色尽量形成相同、调和或对比搭配，且以相同、调和为主的原则，对各种辅色进行统筹规划，尽量减少辅色种类，尽量采用与基面或产品整体一致或调和的色彩。

处在同一局部，或同样类别区域内的辅色源，尤须注意控制色彩种类。比如通过外购件的选型（在外协供应商成品范围内），或通过对有关组件重新设计开发，来控制辅色种类。

如果产品中用到的外购件数量较大，外购件制造商通过分摊过程管理、制造工时等费用，容易控制单件成本。这时，设计师也可以定制外购件，让辅色和主色采用相同的色调，以取得更好的主色和辅色统筹效果。

总之，主色和辅色的统筹规划，可通过减少色彩种类，有条件时主动选择色彩，尽量使辅色之间、辅色和主色之间，形成相同、调和或对比搭配。

6.5.6 主动搭配色彩和被动搭配色彩

主动搭配色彩，是指工业设计师不需要考虑其他因素，完全按照自己全新的设计意图，选择规划产品色彩的全部内容。

被动搭配色彩，是指产品部分零部件或某些功能特征，已经确定了色彩属性。工业设计师在此基础上，再统筹产品色彩应用。比如，为降低成本需要采用现有通用件，限定了某些零部件的规格型号。因而这部分色彩已经存在，工业设计师只能将它们原封不动地纳入后续产品色彩统筹范围。

在实际产品设计开发实践中，主动搭配几乎是不存在的；被动搭配才是工业设计师面临的常态。因而，在实际着手进行产品造型设计时，工业设计师需要抓住时机，比如到工厂车间，或在多方人员参加的启动会议中，向有关人员了解相关信息、取得样品。

务必在开始方案设计前，完全掌握后续需要遵守的内容，如最终应用环境及配套设备，需要采用的通用件、外购件、产品Logo等相关信息。从而避免出现意外错误和重复工作，既有利于施展个人专业能力，也不给团队整体进度带来消极影响。

6.5.7 选择成色方式

产品色彩的成色方式，即产品零部件的成色方式，有利用材料本色、表面处理、贴膜三种途径。

6.5.7.1 使用材料的本色

经过设计，某些材质的零部件成型后，不再需要其他成色工艺，其呈现的材料本色，即可满足产品色彩应用的要求。

这类零部件适用的材料有塑料、有色合金、不锈钢、木材和玻璃等。比如塑料件，可以通过在原料中加入色母粒（图6-23）和中间介质，经注射等工艺，制造出产品零部件的同时，也获得了满足要求的表面色彩。这种成色方式，可以免喷涂连续配色，经济环保；还可以通过设定模具表面粗糙度变化，获得特定色彩效果。

6.5.7.2 通过表面处理工艺成色

表面处理是最常见的成色方式。金属制品适用的表面处理工艺，比较常见的有喷漆、喷塑、发黑、拉丝、镀膜等。塑料制品适用的表面处理工艺，比较常见的有喷漆、喷塑等。

图6-23　通过色母粒配色是一种非常经济的成色方式

6.5.7.3 表面贴膜成色

贴膜，即在零部件表面，粘贴上一层塑料膜（即增加一个零件），从而获得预设的表面色彩，或部分表面色彩（即塑料膜只覆盖基体零部件的部分表面）。

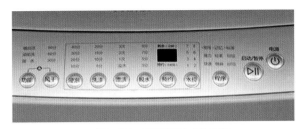

图6-24 表面贴膜成色示例

根据需要，塑料膜的表面可以印制文字、符号等相关特征（图6-24）。一般来说，因为塑料膜要比基体零部件形状简单，因而可以简化工艺、提高制造效率。具体效果视产品实际情况而定。

产品零部件成色工艺，随着制造技术的发展而不断丰富，更多信息请参照相关技术资料。

工业设计师需要熟悉行业常用的产品成色方式，了解其过程原理，掌握其最终色彩效果及物理化学属性，掌握不同成色工艺之间的比较成本，还须跟踪相关领域的新进展。

选择产品成色方式，需要综合考虑产品整体视觉效果和产品制造成本。

📝 补充要点

▶ 色彩的系列化

指产品主色的系列化（图6-25）。

辅色一般较少变化。部分辅色可能随主色进行调和或对比搭配变化。

图6-25 产品主色系列化示意

产品主色的系列化，主要表现为主色色相的系列化，同时保持相同或接近的纯度或明度。

色彩系列化主要适用于，个人私用、与个人联系频密、形体较小和成色工艺较为简单的产品，以便消费者选择适合个人性别、年龄等用户个人条件的色彩。也适用于频繁、长期出现于公共空间，成色工艺相对成熟的公用产品，以满足对应的市场选择需要。

因为涉及产品成本，色彩系列化应基于切实需要，依理而行。

6.5.8 产品色彩应用目标

成功的产品色彩应用，应达到适应产品功能、美观、性价比优的目标。由于色彩种类的多样性，产品色彩应用的优秀解决方案有很多种。

在现实生活中，凡是能给人们带来美好审美体验的色彩应用方案，都符合产品色彩应用原理。在产品设计开发实践中，美好的产品造型设计，自然包括色彩应用，都是有依据的。其根本原因，在于健康人性的共通性，包括生理和心理的共通性，生理和心理成长的共通性。

6.6 产品色彩应用实例分析

6.6.1 产品色彩应用与产品造型设计的关系

产品造型设计，须并行考虑产品的整体形状和色彩应用。

从产品的整体轮廓，分拆各部位零部件，需要考虑整机装配完成后，各个零部件之间的缝隙；还要考虑各部分零部件的形状特征、使用材料和制造工艺，以及对色彩应用的影响。

合乎产品美学及制造工艺的产品整体形状设计，有利于获得良好的产品色彩应用效果；产品色彩应用，要尽可能表现和完善产品形状的顺应关系。

不合乎产品美学及制造工艺的产品整体形状设计，则会给产品色彩应用带来不利因素；色彩应用不合理，会削弱甚至破坏产品整体造型效果。

6.6.2 色彩应用实例分析

6.6.2.1 日用小型器具

（1）**塑料折叠凳**。能用一种颜色，就不宜增加色彩种类；选择低纯度的纯净复色，容易获得美好的审美体验。如图6-26所示的塑料凳就是很好的示例：所有零件（共5种、总计8个零件通过卡扣装配而成，框架结构）为相同的材质（PP）和成型工艺（注射），通过色母粒配比成色，色彩为统一的低纯度纯净复色，使原本普通的产品顿显优雅气质。

（2）**桌面智能音箱**。如图6-27所示，音箱外壳（主色源）由上盖和底座组成，相同的材质（ABS）和成型工艺（注射），色料配比注射成色。色彩同为亚光黄绿色，保持了形状整体感。色相与基本色有错距；但因为色彩纯度高，接近饱和色，虽显柔和可爱，意蕴却相对简单；与Logo（第一类辅色源）色值差不足，对比不明显；二者也欠缺递归线索。主色稍增灰度，会提高适应范围。

（3）**便携计算机**。如图6-28所示的便携计算机为壳体式结构。主色源包括机座和上盖两部分。它们的主体由铝合金压铸成型，表面喷漆，色彩统一为亚光深灰色。

辅色源包括上盖中的Logo，采用第一类辅色源，通过模具表面粗糙度变化，使Logo与上盖形成纹理对比；侧边的数据接口，属于第二类辅色源，色彩为相近的深灰色。其他图中未示出辅色源从略。

整机形状简洁，与色彩应用互利互衬。总体视觉效果敛致静雅、沉稳柔和，很适合男士和职场女性。若女士使用，微露彩色会更好。

（4）**自平衡跟随旅行箱**。如图6-29所示，旅行箱箱体（主色源）为中灰色，略显彩色色相，沉稳

图6-26 塑料凳

图6-27 桌面智能音箱

图6-28 便携式计算机

图6-29 自平衡跟随旅行箱

敛致；与拉杆（第三类辅色源）色彩极具调和；但与其他辅色（手柄、拉杆罩框、后盖板、轮瓦、轮胎及辐板，第三类辅色源，色彩为黑色）色差值显大，调和感不足；还凸显手柄与拉杆杆体欠缺过渡。

6.6.2.2 家用电器例——电热水器

如图6-30所示的电热水器为壳体式结构。主色源包括前罩和后围框两个塑料件。它们为相同的材质（ABS）和成型工艺（注射）制成，色料配比注射成色，色彩为相同的亚光浅灰色，易与应用环境相谐调。辅色源有两处，即Logo（第一类辅色源）和显示屏（第三类辅色源），色彩为相近的深灰色，与主色形成对比搭配。

外壳整体形状较为简练（显示屏基面轮廓宜进一步简化），有利于减少色彩种类，也更利于衬托主辅色对比效果。

6.6.2.3 交通工具例——小汽车

如图6-31所示，小汽车的车身外轮廓是主色源（内厢从略）。主色有1种，即车身本体（包括前后侧围、门、引擎盖板、保险杠、顶棚和行李箱盖板）的低彩度复色，微露青绿彩色，沉雅敛致。

辅色源中，后视镜罩和嵌装于保险杠中的通风格栅属第三类辅色源，色彩与车身颜色相同。前车灯罩组件也属于第三类辅色源，其视觉色彩为白色和黄色；其中黄色置换为白色更好（黄色灯光可由电子技术实现），与主色可形成近似纯明度对比。

特别是车身上增加了装饰图案，即深灰色边框包围部分。框内辅色与主色接近，形成调和；深灰色边框与它们形成（近似纯明度）对比，以凸显图案轮廓特征。装饰图案与引擎盖板的轮廓形成呼应，其从前脸到车顶的延伸，缓冲、弱化了引擎盖板与前侧围之间装配缝线的即视感。装饰图案显现了局部次序，但稍违整车造型的单纯与和谐。

门窗与前后视窗玻璃，常规属于第三类辅色源，图中所示色彩接近无色。

6.6.2.4 家具例——布艺沙发

如图6-32所示，浅灰色的沙发布面是主色源。辅色包括可调撑垫上的深灰色印字，以及旁边的深灰色开关。它们与主色形成明度对比，但形成调和效果会更好。

该款沙发外形较为简洁，色彩接近统一，整体视觉效果较为纯净。但坐垫及搭手处的缝线宜隐藏；无彩度浅灰色也显普通、单调。

如图6-33所示［取材于《概念生活》（Concept for Living）］，微露彩度的纯净色，与沙发形状形成良好结合，颇显清雅、舒适。

图6-30 电热水器

图6-31 小汽车

图6-32 布艺沙发（一）

图6-33 布艺沙发（二）

6.6.2.5 作业装备例——小型挖掘机

如图6-34所示是一种中型道路或场地作业装备。主色包括顶棚及其支撑框架的浅灰色、操作间壳体的橙黄色、旋转底盘壳体和作业主体框架的青绿色共3种。主色源之间，形状存在明显差异，也有递归、呼应线索。

辅色源共两种：黑色的座椅、前围栏、履带组件、推铲组件，青绿色的液压杆组件、铲斗组件。其余液压杆及油管、转轴、紧固件、字符等小色块从略。

主辅搭配分析：青绿色占据体面积最大、橙黄色次之、浅灰色略少于橙黄色。青绿色与橙黄色为纯度接近的亮彩色。顶部浅灰色纯度很低，和前面两种色相差别较大，但明度接近。它们三者之间色相形成对比，在纯度或明度间存在接近关系。

主辅色统筹分析：黑色座椅与顶棚浅灰色形成明度对比，但与其他主色缺少秩序关系。空间上，黑色履带与主色之间存在明度渐升的演进次序。

总体效果：应用多种彩色，意图为施工过程及作业环境添染一抹亮彩，结合简练、圆润的形状设计，一改工程机械刚硬的生冷形象。色彩搭配虽存在一定秩序，但仍显杂乱，主色采用统一低纯度隐彩色更好，也便于与辅色统筹搭配。

↻ 本章小结

色彩应用是产品造型设计的一部分，可以不增加产品制造成本而快速提升产品造型效果。产品造型设计宜同步考虑产品形状与色彩应用。主色色相选择是整体色彩应用的基础。以黄—绿—蓝之间为基础色相的低纯度复色，视觉效果清雅敛致，有益于提供健康的身心体验，是普通工业产品主色色相的适宜选择。

♀ 思考题

1. 请论述色彩应用对产品造型的特殊影响。
2. 请分析产品造型设计中产品形状与产品色彩的相互作用关系。
3. 请论述限制主色种类数量的原因。
4. 请举例介绍产品辅色源的类别。
5. 请论述为什么在产品造型设计中，产品主色宜选用低彩度复色。
6. 请结合实例，介绍色彩在产品造型中的具体应用。

图6-34 小型挖掘机

第7章
产品标志设计

7

PPT 课件

产品标志一般是品牌Logo和产品名称、产品代号的组合。Logo设计和产品名称设计遵循标志设计的一般原则，同时又有其特殊规律。产品造型设计需要应用产品标志，表明产品原制造商及所属产品序列。作为产品品牌的首要符号，Logo是CI的核心组成部分。

7.1 标志设计概述

7.1.1 "标志"的概念及其分类

标志是一种符号，用来识别对象，向公众或特种人群传达某种信息。按照用途，对标志可以作如图7-1所示分类。

如图7-2所示为标志分类举例。

073

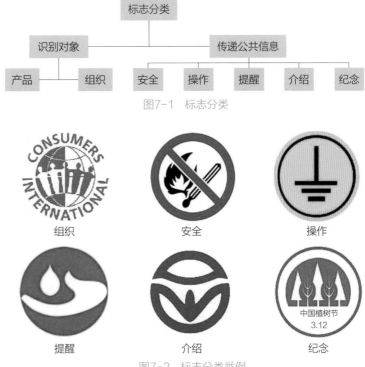

图7-1　标志分类

组织　　　　安全　　　　操作

提醒　　　　介绍　　　　纪念

图7-2　标志分类举例

7.1.2 标志设计的原则

为了更好地实现标志的目的,标志设计需要遵循如图7-3所示的原则。

7.1.3 标志的一般构成

标志一般由文字、图形或它们的组合构成。文字包括中文、外文和数字等。图形包括几何形、仿自然形等。组合即文字与图形的组合,包括文字图形化。

图7-3 标志设计的原则

7.2 产品标志设计的原则

产品标志设计主要包括Logo和产品名称设计。除要遵循标志设计一般原则外,产品标志设计还应遵循如图7-4所示的原则。

产品标志有的是印刷字符,有的是立体形状。一般是以产品外观某个零部件的基面为载体,通过相应的印刷或成型工艺呈现;或者是独立的零件,组装在产品外观零部件的外表面。

因而,产品标志设计须结合具体应用过程,保证并尽量提高可实现性。品牌Logo的色彩,宜放在VI(Visual Identity)系统内,与行业属性、产品功能、产品造型、工作环境等因素一起综合考虑。

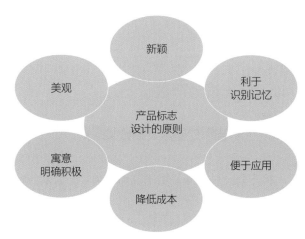

图7-4 产品标志设计的原则

7.3 产品标志设计实例分析

产品标志设计的核心是产品Logo设计,而产品Logo一般是沿用出品商组织的Logo(就控制成本而言,纯色的组织Logo更便于在产品造型中延续使用)。

7.3.1 通信设备产品标志实例分析

烽火通信科技股份有限公司是国际知名的通信网络产品与解决方案提供商。烽火产品沿用如图7-5

所示的烽火公司企业Logo作为光纤通信设备的产品Logo,核心词"FiberHome"寓意明确、积极,并与中文名称相契合。

图7-5 通信设备Logo实例

7.3.2 制冷产品标志实例分析

合肥晶弘电器有限公司是格力旗下的专业制冷产品研发制造企业。如图7-6所示，其产品Logo核心词"KINGHOME"与其企业中文名称非常谐调，冰花图案表达产品类别属性。

7.3.3 音响产品标志实例分析

东莞市悠扬电子有限公司专业从事音响产品研发制造。如图7-7所示，其产品Logo中的字符"UYOUNG"与其企业中文名称相近；扬声器与音符的组合图案，传递产品功能属性。

图7-6 家电产品Logo实例

图7-7 音响产品Logo实例

7.4 产品标志与产品造型

一般来说，产品造型设计都需要使用产品标志。相对于产品整体形状和色彩应用，产品标志是产品造型设计中的一个特别元素。

产品造型设计过程中，在规划产品整体形状和色彩应用的同时，须并行考虑如何使用产品标志。

第一，合理布局产品标志在产品中的位置，以图美观和便于观察。为了满足不同的功能配置需求，以及技术的升级革新，产品规格系列化是一种常态。很多大众用品，比如手机、个人电脑等，规格变化对产品功能和使用方式影响有限，产品造型只须呈现品牌Logo即可。

当不同规格对应的功能内容或使用方式变化较大时，比如汽车、作业装备等，产品造型还须表示出产品规格对应的产品名称、产品代号。比如小汽车，一般是在车头和车尾等处布置Logo，在车尾布置产品名称、产品代号。

有的产品正常工作时，只有一个前端可视面，须恰当布局产品标志各组成部分在产品中的位置。其中，产品标志放置基面的形状特征，宜与产品造型整体轮廓相融合，使产品造型在具有视觉整体感的同时，兼具更多实用性。

如图7-8所示为烽火通信公司的产品标志在其一

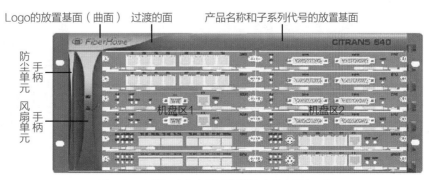

图7-8 产品标志在产品造型设计中的应用（一）

种通信设备造型设计中的应用。

正常工作状态下，该款产品多安装于通信机柜中，Logo和产品名称、子系列代号均须布置在产品迎面。

其中，Logo的放置基面，与同样位于左侧、靠其下方的防尘单元、风扇单元（自左向右排列）的手柄轮廓，形成统一连贯并富有变化的轮廓特征；在上端，向右通过曲面过渡，提供产品名称和子系列代号的放置基面，该部分与机盘区的空间布置相谐调。

第二，优选产品标志形成方式，保证性能要求、降低制造成本。

产品标志有三种形成方式：

（1）通过钣金模压（图7-9上图）、合金压铸和注塑等工艺手段，在基面轮廓上形成一体化的立体形状。

（2）在基面上的对应位置印制（图7-9中图）。

（3）制作成单独零件（图7-9下图），再通过卡扣、粘接、螺纹连接，或是它们的组合方式，装配在产品某个零部件的外表面。

一般基面较平滑，周围无影响特征时，优先采用与基面一体化成形Logo；其次，在产品使用时的物理环境适合时，视综合需要而采用印制。基面周围有较多关联特征时，宜采用独立零件。例如，图7-10所示的激光笔，其Logo为丝网印制，采用注塑一体成形更经济，但凸出的字符形状会影响手感。

例如小汽车的车头处，轮廓转接变化较大，也多有通风格栅等关联特征，故此处布置的Logo多为单独零件。

第三，根据实际条件，做产品造型设计时，结合已有的品牌Logo形状特征，统筹考虑，设计与Logo特征形成呼应的线索。

如图7-11所示，在车身前端，通风格栅、加强筋、引擎盖板与Logo之间，形状上存在相似、呼应的变化线索，一齐汇入谐调、统一的整车造型。从而避免Logo在产品造型中的突兀感。

这不但不会影响受众识别Logo，连贯的线索形成的整体感，更容易给人留存完美的印象。

此外，还须注意产品造型整体的色彩应用，与品牌Logo色彩之间的谐调关系。

图7-10　产品标志在产品造型设计中的应用（三）

图7-9　产品标志在产品造型设计中的应用（二）

图7-11　产品标志在产品造型设计中的应用（四）

7.5 CI设计

CI，也称CIS，是英文Corporate Identity System的缩写，一般译为"企业形象识别系统"。CI设计，以有利于提升品牌传播度、知名度和美誉度为主要目标，对企业的价值理念、工作环境、公务流程以及产品造型进行统一规划设计。CI设计有建立与传播品牌形象、节约管理成本、促进工作效率、提升员工对组织的认同等作用。一般来说，CI设计包含企业理念（Mind Identity，简写MI）、行为规范模式（Behaviour Identity，简写BI）、企业视觉形象系统（Visual Identity，简写VI）等内容。

企业理念（MI），以行业认知、经营范围、管理方略、竞争策略、服务方式、产品规划等为核心内容。

企业行为规范模式（BI），包括企业组织行为规范模式和企业中个人行为规范模式，是基于企业理念，对业务流程中的具体操作，制定的行为规范。

企业视觉形象系统（VI），是从企业理念出发，对企业品牌及其视觉载体、工作环境、办公用品、产品造型以及产品包装等，作统一规划和行为实践。其中企业品牌指企业名称、品牌Logo等内容的视觉载体；工作环境包括厂区、办公楼、车间（含旗帜、指示标牌、宣传语内容及其视觉承载物）等；办公用品包括工作服饰、办公计算机软件系统、办公纸张、技术档案格式、公关用品等；产品造型需要服务于CI，作统一规划；产品包装应基于CI作统一规划，进行相关包装方式、图案及色彩的具体设计。

色彩应用是取得统一视觉形象的重要因素，宜选择低纯度复色为基础色调，易得新颖、敛雅的视觉效果。

优秀的产品造型设计可以快速吸引受众关注，在大众消费品领域，已成为用户选择意向的决定性因素。所以产品造型设计是VI系统设计的核心，是CI设计能否产生实际效果的决定因素。

↻ 本章小结

产品标志是产品造型设计中的特殊元素，因而产品标志设计须遵守相应的原则。产品造型设计宜与产品Logo形成呼应线索，既能提高造型质量，也能提升企业VI、CI的实际效果。

♡ 思考题

1. 请列出并解释产品标志设计的原则。
2. 请结合实例介绍在产品造型设计中使用产品标志需要注意哪些方面。
3. 谈谈你对CI设计的认识，为什么说产品造型设计的优劣是CI设计效果的决定因素？

产品造型设计涉及多学科知识综合应用，产品造型评审团队须由相关专业背景的人员组成。认识与信息的不平衡，尤其是对产品造型设计实施原理及其核心基础知识模块（产品美学和产品色彩应用原理）的掌握存在很大差异，这决定了产品造型评审过程的复杂性，也是制约业界造型评审科学性的原因。产品造型评审过程是否科学，不但影响产品设计开发质量和市场竞争成败，还波及设计咨询、专业教育、专业社会认可度等多个相关领域。

8.1 产品造型评审的非凡意义

产品造型是通过对产品系统做透彻分析后，经系统性逻辑推理，对产品系统由内而外进行、完成系统优化的结果。这样才能既获得优美的外观、合理的产品功能，同时理想地控制产品供应成本，获得强竞争力的性价比，从而保证在激烈的市场竞争中胜出。

产品造型就如同动物的皮肤，和内部骨肉组织有着严密的依存关系；不是披裹的装饰外衣，不能可大可小，不受约束地随意变换。

就像一个人要想获得健康漂亮的体形，就需要先科学地坚持健身，而后才能自内而外地获得理想的外形。并且在这一过程中，必然收获内在生理健壮、心理健康等更多的益处。

科学地开展产品造型设计方案评审，通过工业设计师对方案的全面介绍，以及答复、解释评审团队提出的质疑，可以较快地审查、评判方案优劣，提升工业设计师的设计能力，增强团队合作素养。

合格的工业设计师现在还很稀有，一旦发现，发挥其领军作用，可以较快地带动工业设计团队往正确的方向努力、前进，取得事半功倍的效果。

通过科学的评审过程，对具体的产品造型设计方案优胜劣汰，可以避免浪费优质劳动成果，避免贻误本已拥有的市场竞胜机会，节约产品设计开发资源，提高产品设计开发效率和收益。

还有，科学评审可以保证公平对待团队成员的劳动，指出正确有效的提高方向，有利于个人职业能力的健康成长，促进团队成员顺畅舒心地相互合作，进而形成普遍的、常态的良好工作氛围和健康高效的企业文化。

因而，科学地开展产品造型评审具有如图8-1所示的非凡意义。

图8-1 产品造型评审的非凡意义

无疑，开展科学的产品造型评审，值得每一位企业管理者高度重视，需要每一位企业产品设计开发团队领导者认真负责、积极推行。

实施科学的产品造型设计评审，并不是一件容易的事情，首先需要透彻认识产品造型评审的复杂性。

8.2 产品造型评审的复杂性

由于产品造型设计涉及多学科知识技能复合应用，决定了造型评审必然是一个复杂且颇有难度的过程。

8.2.1 评审团队难以完成全面评审

评审团队成员应由产品设计开发团队涉及的多背景专业人员组成。除了产品设计开发经理外，包括产品功能原理、造型、结构（含EMC、热设计）、中间测试、制造（含采购）、包装运输、产品营销、市场销售、安装服务、财务等，各方至少需要一名代表。而且各代表应主动熟知造型设计方案的具体内容，以及与各自所属业务的利益关系；还需要对工业设计系统优化的思想，从顶层有透彻的认知，能结合所属专业，从市场竞胜的角度，对产品造型方案给出综合评价。

所以科学地开展产品造型评审，要求评审团队成员，具有高度责任心、较高的专业素质和综合素质。这些需要先通过业务水平筛选，再经过专门培训，以及若干次实际评审操作训练才能达到。有时甚至需要聘请外部行业专家和消费者代表参加评审。

实践中，评审团队组成往往不能全覆盖，也欠缺筛选机制、培训意识、培训力量和培训机制。还有一个重要的地方：评审团队中的绝大部分成员，还不能分辨造型设计方案效果图和照此制造的产品实际效果之间的差异。当受评主体不能对自己所作设计方案，主动进行客观、全面地介绍时，评审团队难以及时发现问题和提出质疑，导致不能完成全面评审。

8.2.2 缺乏产品造型评审主导力量

需要有一个人或一个小组，能主导评审全部进程，包括纠偏与时效控制。这样的主导力量，须洞悉工业设计系统优化思想，熟悉产品系统、造型和结构的一般知识，能针对产品造型设计师或其他人员的介绍，及时调动评审团队中的相关力量，进行支持或进行质疑。实际上很难得到这种力量，从而使评审过程陷入混乱，变成不能取得实效的形式程序。

8.2.3 缺乏产品造型评审监督机制

评审过程需要有监督机制。即通过评审记录存档和产品后续实际效果跟踪对比，向产品设计开发经理、产品造型设计团队和评审团队发出反馈，并采取补充培训等完善措施。但实际上由于前述原因的累加，还不能存在有效的产品造型评审监督机制。

8.2.4 缺少科学的评审规范导致评审过程职业伦理弱化

技术规范约束职业伦理；规范缺位或规范不科学，则会导致职业伦理弱化。由于缺少科学的评审规范，导致评审过程中职业伦理弱化，是开展和完成充分评审，得出正确评审结果的严重障碍。

目前业界产品造型评审的状况，反映和印证了上述内容。产品造型评审力量的薄弱，导致产品造型评审过程由复杂转向混乱和形式化。研究和制定产品造型评审规范，依照规范进行评审，是开启提高产品造型评审质量的重要前提。

8.3 产品造型的评审方式

8.3.1 由产品造型方案使用方选择

若产品造型方案是由企业内部工业设计团队完成，使用方即对应的产品开发事业部。对独立设计公司来说，使用方即委托方。

在这种情形下，方案设计方一般准备若干种造型方案效果图和对应的介绍文案（较少时候，也有制作出简单实物模型的），有时也先对它们排列了推荐顺序，由使用方选择其中某种效果图表示的造型方案。这种让用户选择的方式，暴露出设计方对自身产品造型设计能力的不自信。

若有优秀的产品造型设计能力，完全可以只准备一种方案效果图，向用户详细地介绍其优势，充分答复用户的疑问。这样才会让用户真切感受到产品造型设计师的专业力量，由衷地感谢产品造型设计师的卓越创造，对产品成功充满必胜信心。另外，准备多种效果图方案，必然浪费很多劳动，也暴露了因设计能力不足，而不得不采取低效率的管理方式。

8.3.2 由评审团队讨论决定

设计方先介绍每种效果图表示的产品造型设计方案，再由评审团队讨论决定。在评审过程中，由于产品造型设计能力以及对产品系统相关背景知识掌握的不同，产品造型设计师的介绍有很大的随机性。所表述的性能，不一定有对应的依据，而评审团队在讨论中很难全部发现。产品造型设计师能否分辨评审质疑的真伪，也是很大的未知数。评审团

队讨论的结果，也充满了不确定性。

8.3.3 由评审主导者按检查表引导评审

评审过程有一个主导者。方案介绍过程大体同前述。评审主导者按照事先编制的检查表（Checklist），逐项引导评审团队成员，检查效果图所表示的造型、提出质疑，并审查方案设计者给出的答复。

因为需要编制一个检查表，评审主导者会尽力研究、收集和学习方案评审需要检查的内容。检查表编制完成后分发下来，产品造型设计师、评审团队其他成员，都会知悉相关内容，以做准备。如果检查表内容完备，那对促进评审质量是很好的条件。

显然检查表的质量和全员对检查表项的理解是关键前提。此外，对评审过程中各方意见的甄别，也是重点所在。

8.3.4 按照规范规定程序和内容进行评审

前述的检查表也相当于一种规范。一般来说，企业规范都需要由业务水平相对较高的人员，经过相关研究、起草、审核，而后才会发布施行。相对来说，评审程序和评审内容要更完备、更合理，评审结果更可靠，评审进程也更有效率。就评审方式来说，是最科学的一种。

因为产品造型设计方案的评审涉及内容复杂，编制产品造型设计方案评审规范需要综合应用多学科知识。产品造型设计方案评审意义重大，开展相关研究、制定评审规范刻不容缓。

8.4 产品造型设计方案评审规范的构成及样例

8.4.1 产品造型设计方案评审规范构成

产品造型设计方案评审规范的内容，须对应评审过程的必要环节，支持评审团队完成科学的评审程序，并得出合理的评审结果。

为便于操作，产品造型设计方案评审规范，需要由产品造型设计方案效果图规范、产品造型设计方案工艺评审规范、产品造型设计方案评审规范等子规范系列组成。其中，效果图规范，约束效果图表达清楚、客观；工艺评审规范约束造型设计方案

的制造工艺可行性和复杂程度。

8.4.2　产品造型设计方案评审规范样例

样例1：产品造型设计方案效果图规范
产品造型设计方案效果图

1）数据平台与制作工具。

·使用工作站Windchill PDMlink平台系统，确保数据安全。

·使用Cero建模。可结合导入其他工具产生的数据。

·使用PPT制作、演示效果图。

2）表达方式。

·基本工程投影图和辅助视图，附加必要的立体图。

·按比例制作。宜采用技术制图国标推荐比例。

·采用工业设计部产品造型设计方案效果图统一模板。

3）内容。

·一般不少于对应设计方案的6项基本视图。

·体现方案美观、创新或工艺复杂度等，需要详细说明的内容，应另加辅助视图。

·整体造型说明文案，以及解释美观、创新、工艺复杂度等部分的对应文案。

4）渲染。

·基于体现设计方案整体实际效果。

·精细、准确、客观地表达方案美观、创新等关键内容。

·不宜对标准件、通用件等，与方案创新设计无关的普通特征过度渲染。

补充要点

▶ 工程软件

指Cero（Pro/E）、UG、CATIA、Alias、SolidWorks等，其建模数据可传递给工艺、制造等后续环节直接使用，是进行零件加工及过程分析的软件工具。

使用非工程软件建立的模型，需要再将其数据转变为中间格式后，转给产品结构工程师，导入工程软件，查缺补漏，另外再建立一个完整的新模型，然后才能转给后续的分析、制造等环节使用。

产品造型设计师若不能使用工程软件建模，则还需要结构工程师配合重复建模。其间必然涉及细节沟通，额外消耗时间和占用设备资源。

产品造型设计师直接使用工程软件建模，既提高效率，还能保证造型效果。而且，现在的三维工程软件功能强大，完全可以满足产品造型设计的建模需要。所以，有的公司要求产品造型设计师与结构工程师使用相同的工程软件。

▶ 渲染

产品造型设计方案的质量，与效果图渲染的好坏没有关系。效果图渲染，仅仅是影响对效果图的视觉体验，并不影响产品实物的视觉效果。就像一只普通的粉笔，也可以渲染得很炫目，但它还是一只普通的粉笔。因而，渲染只是一种与产品造型设计方案质量无关的营销手段。

样例2：产品造型设计方案工艺评审规范
产品造型设计方案工艺评审

1）评审组织与参加人员。

·由结构设计部组织。

·参加人员由工业设计部、结构设计部、工艺设计开发部代表组成。

·工艺设计开发部负责对会议结论存档及跟踪反馈。

2）评审程序及参会方责任。

·产品造型方案设计方介绍方案全貌，并指明加工工艺的复杂部分。

·参会各方对方案做工艺评审。审明设计方案是否具有可正常生产性，以及所需工装技艺复杂程度。

·参会各方须积极发表意见。设计方须积极配合解释。

3）评审人员结论及备案。

·评审人员需对经过评审，认为可正常生产的产品造型设计方案作出结论，并注明其工艺复杂程度、生产成本状况。

·评审人员需对经过评审，认为不可正常生产的产品造型设计方案作出结论，并注明需要改进的内容，或相应其他处理意见。

· 结论及评审意见须做记录和存档。

样例3：产品造型设计方案评审规范

产品造型设计方案评审

1）评审组织与参加人员。

· 由产品开发专项组织，并对会议结论负责。

· 参会方宜由产品功能设计、工业设计、结构（含EMC、热设计）、制造（含工艺、测试）、物料采购、包装运输、产品营销、市场销售、安装服务等各方代表组成。

2）评审程序。

· 设计方介绍方案。

设计方案外观造型全貌。

设计方案适用标准、设计输入条件、使用过程功能要求。

设计方案生理、心理宜用性，以及对应的依据。

设计方案美观性，以及对应的依据。

设计方案创新性，以及对应的依据。

设计方案成本和性价比，以及对应的依据。

参会各方均可对以上内容进行补充介绍。

· 参会方评审。

设计方案是否满足适用标准、设计输入条件、使用过程功能要求。

设计方案生理、心理宜用性，以及依据是否成立。

设计方案美观性，以及依据是否成立。

设计方案创新性，以及依据是否成立。

设计方案成本和性价比，以及理据是否成立。

· 设计方释疑。

设计方针对评审质疑等相关内容释疑。

参会各方均可参与帮助释疑。

· 设计方案评分。

各参评方对每项评审内容先按百分制评分（z_{ij}）。

设计方案总得分值为各项始评得分的二重加权和（各项评审内容权值a_i和参评方权值b_j）。

各项评审内容权值a_i如下：

满足适用标准、设计输入条件、使用过程功能

要求：$a_1=0.2$。

设计方案生理、心理宜用性：$a_2=0.1$。

设计方案美观性：$a_3=0.3$。

设计方案创新性：$a_4=0.2$。

设计方案性价比：$a_5=0.2$。

参会各方权值b_j如下：

市场（产品营销、市场销售）：$b_1=0.25$。

客服（包装运输、安装及维修服务）：$b_2=0.1$。

产品功能系统（电路）：$b_3=0.15$。

结构（含热设计、电磁兼容）：$b_4=0.25$。

制造（含工艺、测试）：$b_5=0.15$。

物料采购：$b_6=0.1$。

设计方案得分值：

$$Z=\sum_{i=1}^{5}\sum_{j=1}^{6}a_ib_jz_{ij}$$

3）评审结果。

按设计方案得分值Z大小，排定优选方案。

综合多种方案得出优选方案。

按设计方案得分值，排定改进方案。

本章小结

系统优化是产品造型设计的总则，自然也是评判产品造型设计方案的根本依据。开展基于系统优化的产品造型评审过程研究，制定、实施产品造型评审规范，进行科学的产品造型评审，是赢得市场竞胜的有力措施，也是实现工业设计专业价值的保证。

思考题

1. 请论述科学地开展产品造型评审的意义。

2. 只要评审团队认真讨论就可得出正确结论，制定评审规范没有必要。这样的说法对吗？

3. 一般来说，产品造型评审规范宜由哪些子规范组成？

所有的工业产品都遵循相同的造型设计实施原理；所有的工业产品造型设计，应用到的知识结构也是相同的。与产品造型设计相关的毕业生，可以从事任何一种工业产品造型设计。入职后也都需要进一步全面学习所从事领域的产品实现工业过程的知识。

9.1 任务准备详解

9.1.1 提出设计任务详解

一般来说，企业设置有产品规划部门，通过收集产品技术信息，把握行业发展态势，提出新产品设计任务或产品改进计划。

提出的设计任务须践行现代工业设计思想，贯彻系统优化的产品开发目标。

提出设计任务的详细流程如图9-1所示。

下面就图9-1展开介绍。

（1）产品造型、消费与生产的关系。

国内生产总值（Gross Domestic Product，简称GDP），指某一时期一个国家或地区，新生产的最终产品和完成服务的总价值。

社会总产品（Aggregate Social Product），指某一时期一个国家或地区，各个物质生产部门新生产物质产品的总和。即社会总商品（实物），含包装、保管、运输等流通领域的产出。社会总商品的价值即社会总产值。

国民收入（National Income），指某一时期一个国家或地区，各个物质生产部门新创造价值的总和。即社会总产值扣除消耗的生产资料价值的余额。

人均国民收入（National Income Per Capita），

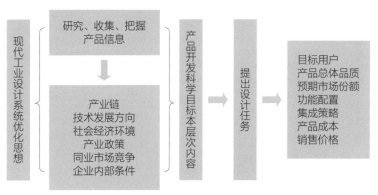

图9-1　提出设计任务的详细流程

指某一时期一个国家或地区，人均国民收入占有量。人均国民收入结合基尼系数，可以比较真实地反映社会经济收入水平。

一般来说，社会经济收入水平增长，会促进社会消费购买力增长。但住房、医疗、教育、养老等生活基本保障，对个人未来收入的预期以及市场商品品质，也都会影响社会消费趋势。

消费是决定生产—消费循环的决定因素。理想的消费模式是健康、充分消费到更健康、更充分消费的递进。

产品造型设计是影响消费的关键因素，故也是影响生产—消费能否快速循环的关键因素。

优秀的产品造型可以促进消费，激发消费潜力，使生产成为有效生产；进而给扩大再生产、技术升级提供支持，同时提升社会文明程度。

（2）**目标用户**。比如生活用品的目标人群，可以按男性、女性；老年人、成年人、少年、儿童；正常人、残疾人等简单维度进行递进划分。

一般来说，一种产品造型不能满足全部目标用户的需要，而是根据所需功能配置、购买力再划分，从而对应不同的产品造型（可能时，做兼容性造型设计）。好的产品造型具有广泛的适应性，会受到所有人的喜欢。

（3）**产品的总体品质，也包括人们时常说及的产品风格。**产品总体品质要做到"最好"。"最好"不是最大、不是用最贵重的材料，也不是功能最多，而是为用户提供最合适的价值，包括物质功能和审美价值；并且是通过科学设计、充分挖掘利用技术资源效益，以相对少的投入为用户创造最合适的价值。

因此，所谓产品风格，没有多余的特征，不做无谓变形、不乱增多色彩，而是以目标用户对产品功能的需求和购买力进行分区，相应规划产品主体规格和关联附加功能；再结合自身优势资源，进行系统优化设计，选择相对最经济的工艺路径，创造优美的外观造型和内饰、良好舒适的使用体验、可靠稳定的产品功能和结构性能。

9.1.2 定义设计任务详解

提出设计任务，是从产品总体上提出全面的顶层目标。定义设计任务，则是对收到的设计任务书，先进行细致学习，然后通过调查、研究和核算，将设计任务具体化、参数化。

定义设计任务的详细流程如图9-2所示。

产品设计开发团队构成要合理，需要覆盖涉及的全部相关专业，并且人员数量须适应对应工作任务需求。

功能实现原理由产品设计开发团队中对应专项设计人员完成，并确定各功能模块的具体规格参数。还包括与外协方接洽，商定供应事项（若由内部相关部门制造供应，则与对应团队商定），其中供货品质、到货时间、验收标准和价格是重点内容，尽量详细明确。

定义设计任务完成后须形成文件，通过审核后，发送相关管理部门和各个专项设计人员。

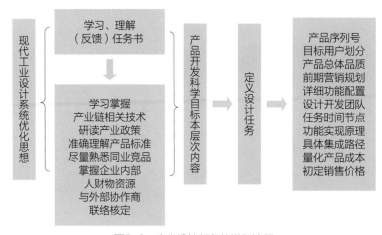

图9-2　定义设计任务的详细流程

9.1.3　开发设计输入详解

设计团队接到设计任务书后，首先需要通过学习设计任务书，并结合其他相关途径开发设计输入。

在开始产品造型设计具体创想之前，须先开发设计输入，掌握产品全生命周期内，产品与人和环境的关系。包括熟悉产品功能，研究对应的人类生活内容，模拟产品使用全部过程，学习产品功能实现原理，掌握产品功能模块组成，理解产品实现工业过程，熟悉安装环境和配套设备设施、产业政策和相关标准等。

开发完成后的设计输入须完备，使后续的方案设计有的放矢，避免发生因忽略了某些约束条件而导致不得不返工修改，最大限度地保证方案设计符合目标要求和设计进度。

学习并准确理解设计输入，是完成好产品造型设计的必要条件；还没搞清楚设计输入就仓促开工，是不可能做出好的产品造型设计的。因而，设计输入，是非常重要的概念；开发设计输入，是非常重要的工作，需要有较丰富的产品设计开发实践经验和专业技术知识的人员主持或把关评审。

设计任务书就是显性设计输入，但不是现成的设计输入，需要从中提取有效内容，并使之条理化：哪些有具体量化约束，哪些是定性优化要求，以及约束重要程度、层次关系。

一般来说，设计任务书不会包含所有的设计输入。有的提到名目，但没列出具体内容；有的没有提到，即隐性设计输入。总之，凡是产品全生命周期内，与人类、应用环境发生关系的内容，都在设计输入的范围内。

下面对设计输入开发各项内容进行展开说明。

9.1.3.1　标准

服务一个行业，必须熟悉一个行业的标准，包括企业标准、行业标准、国家标准以及国外标准（含国际标准化组织标准，即ISO标准，其他国际组织标准，产品输出目的国的国家标准，以及目的国所属地区的标准）。

分清与自身工作任务的关系紧密程度。对于直接相关的标准，要认真学习，透彻掌握，并且要跟踪标准版本更新情况，明确适用的标准版本号。

9.1.3.2　用途

要明白产品的用途，研究产品服务的人类生活内容，关注和研究对应内容的变化，引导健康生活方式。

9.1.3.3　系统

学习、理解产品功能实现原理，以及对应的种类，有无替代方式。根据实际工作任务需要，决定掌握程度；但一般来说，越熟悉越有利于发挥创造性。

学习并透彻掌握产品系统功能模块组成，及其功能逻辑关系，包括各个功能模块子功能、形状、材质及物理属性、供应商及价格等。

9.1.3.4　结构

以手机为例，把它的零部件拆散，只保留电源、输入、接收、转换和输出等核心零部件，并把它们按功能逻辑顺序用导体连接后，也可以完成手机的功能。不过，这样使用很不方便，多占空间、不好携带、功能易受干扰、零部件易受损坏，更谈不上美观。为了避免以上问题，手机就做成了现在的样子。

这种为了使产品功能更好实现、更方便使用、更美观，把产品核心零部件按一定关系固定、装连起来，并提供防护的零部件组合，即产品的结构。

随着人们对生活品质的更高要求，随着技术进步和专业分工，产品设计开发的顺序是先完成产品功能原理设计；其次进行产品造型设计；最后依据产品造型和产品功能实现原理，进行产品结构设计。

所以产品结构设计，即按照产品功能实现原理和产品造型设计，优化产品形状、尺寸、材质（含表面处理）和装配关系，并完成赋值。

做产品造型设计，必须研究和熟悉产品结构。产品外观的具体结构，是产品造型设计的直接组成部分，需要由产品造型设计师负责完成。产品造型方案，还需要定性保证内部结构的可实现性，不然会导致产品成本无谓增加。

9.1.3.5 市场

关注市场上已有的产品造型，学习其优点，避免其不足，以及关注市场反馈的其他信息。

9.1.3.6 制造

熟悉产品零部件的制造过程，包括材料名称、种类及物理化学属性，原材料品种规格；后续的成型方式、表面处理、装配关系，以及相关生产环境及装备，并尽量熟悉过程成本。

9.1.3.7 测试

熟悉测试遵守的标准、熟悉标准规定的具体测试项目、内容以及操作过程。

9.1.3.8 包装

研究和熟悉产品包装方式。包括所用材料、结构和辅材、包装过程，以及包装后的整体结构位置和物理化学属性，尤其是受力关系。

9.1.3.9 运输

熟悉产品运输方式，包括场内运输和长途运输；熟悉中间操作过程；熟悉相关过程中，产品所受负载，防止意外或疲劳破坏。

9.1.3.10 安装

熟悉产品的安装方式。包括施工过程、关键操作，以及工作条件。

9.1.3.11 使用

掌握用户使用产品所有功能的过程，并全程实验模拟或实景模拟。

9.1.3.12 工作

熟悉产品正常工作需要的条件、工作过程中的特性。包括能量转换，零部件物理化学特性及其在产品工作过程中可能发生的变化。

9.1.3.13 维修

熟悉维修典型内容，如何进入维修界面，维修作业环境与操作条件。

9.1.3.14 回收

为了避免和降低环境污染，提高资源重复利用率，社会发展的趋势要求产品原提供商承担其制造的产品报废后的回收，因为这将有利于最大限度地提高废旧产品回收的综合效益。须关注相关环节，以图优化过程质量。

开发完成后的设计输入，应完整、清晰，明确其中存在的关联约束，以及约束层次关系。

质量始于设计，设计阶段决定了产品功能与性能品质、制造效率和产品成本的绝大部分。之所以做产品造型设计之前，必须先开发设计输入，就是为了熟悉前述诸项内容，避免遗漏，而后才好提前进行统筹考虑、系统优化，为上述诸环节保证条件、提供便利、降低成本，提高产品设计开发综合效益。

产品美学原理，是缺省的显性设计输入。

优秀的产品造型设计，都符合产品美学的原理。设计任务书一般也都会要求产品造型美观。产品美学是做产品造型设计的最核心知识模块，是产品造型设计从业者的必备知识素养。

9.1.4 产品知识设计输入详解

产品造型设计人员，需要认真学习设计任务书，认真学习设计输入。学习设计输入，也是一个学习或重复学习产品知识的过程。设计输入指的是从产品知识库中提取出来的，直接约束产品造型设计和影响产品造型方案质量的内容。

产品从设计、制造到报废、回收的整个生命周期内，涉及的内容即产品知识。不同产品之间的产品知识，具有很大程度的相通性。

熟悉产品知识，既是做产品造型设计的需要，也利于同其他专业人员形成无障碍沟通，互相理解各自意图，并能最大限度地交换信息。从而有利于得出各专业间互相支持的产品方案，实现系统优化。

通过现场参观，车间实习，观看视频、图片和文字资料以及听技术讲座，可以快速感受、学习、熟悉和掌握产品知识。学习产品知识是一个不断加深熟悉程度、跟进技术进步的长期持续过程（图9-3）。

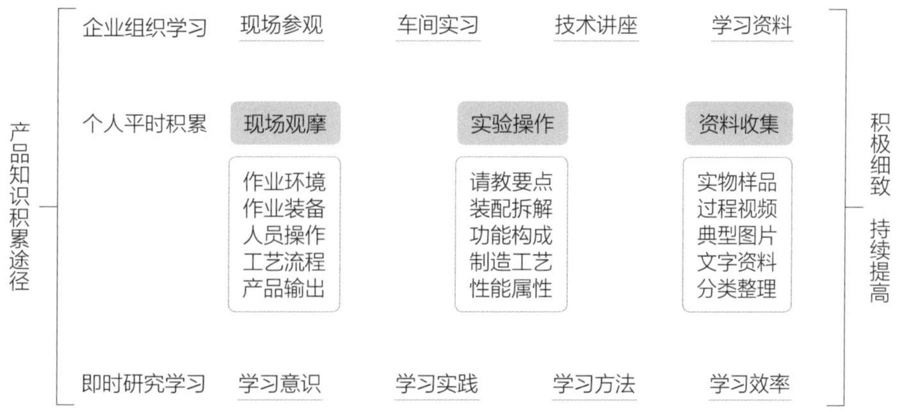

产品知识积累途径	企业组织学习	现场参观	车间实习	技术讲座	学习资料	积极细致 持续提高
	个人平时积累	现场观摩		实验操作	资料收集	
		作业环境 作业装备 人员操作 工艺流程 产品输出		请教要点 装配拆解 功能构成 制造工艺 性能属性	实物样品 过程视频 典型图片 文字资料 分类整理	
	即时研究学习	学习意识	学习实践	学习方法	学习效率	

图9-3 产品知识积累途径

新老产品造型设计从业者，都应坚持个人持续学习，努力更广泛、更全面、更准确和更透彻地掌握产品知识，并跟进相关技术发展。尤其是应经常到生产一线细致观摩，以对产品制造工艺过程及装备扩大熟悉面、加深熟悉程度；通过拆解、装配现有产品，熟悉产品功能模块组成及其功能逻辑关系，熟悉产品结构及零部件装配关系、各部分材质、物理化学属性、加工及表面处理工艺。

产品实物及其制造、测试、包装、运输、安装、使用、工作、维修及回收等实际场景过程，是比文字资料更直观、更可靠的学习、熟悉和积累产品知识的媒介。充分熟悉现有产品，可以启发更多创作思考，利于完成产品造型设计。

为了具备优秀的职业能力，尤其是为了完成可能遇到的紧急任务，产品造型设计师除了平时持续积累产品知识外，还需要有"即时学习"的意识。即时学习，指在没有前期针对性准备的情况下，立即开始对某一工作对象进行研究和信息提取。尤其常见的是即时学习产品功能实现原理。要在具体产品设计开发实践中，开拓即时学习方法，积累即时学习能力，并持续增强即时学习效率。

9.2 产品造型方案设计实施过程详解

划定主体轮廓阶段，即产品造型的概念设计。完成最终轮廓，则是在概念设计的基础上逐步细化、量化，直至完成产品造型方案设计。

下面对产品造型概念设计阶段，以及接续的细化、量化阶段进一步展开介绍。

9.2.1 产品造型概念设计

9.2.1.1 产品造型概念设计的主体内容和一般过程

产品造型概念设计，即产品的主体轮廓特征的定性设计，涉及确定产品主体部分外形尺寸、主要接口布置、主要操作特征定性设计，以及轮廓变化处的过渡和整体轮廓的关联呼应。还包括主要部件之间的装配缝线定性设计，即定性划分出构成整机主体轮廓的主要部件轮廓特征。

主要部件的轮廓，或直接来自于产品主体轮廓对应的局部区域（比如小汽车车门、前后侧围、引擎盖板等车身主体部分），或与主体轮廓存在过渡衔接或对照呼应（比如小汽车的前后保险杠），从而保持或促进产品主体轮廓的整体感。

从构思整机主体轮廓特征，到确定其包含的主要部件的分界（即装配缝线），有紧密关联性，需要通过交互调整，达到同步完成。

产品功能、系统组成和模块布局、使用过程、结构装配关系及结构性能，决定或影响主要部件分界。应结合产品美学确定或调整主体轮廓特征，使得主体轮廓特征的各个分支特征，适应上述相关要求。

所以，产品造型概念设计需要进行一定程度的量化判断，即验证主体轮廓特征定性成立、主要部件边界定性划分成立。

产品造型概念设计的一般过程如图9-4所示。

9.2.1.2 产品造型概念设计具体实施过程分类详解

在产品设计开发实践中，产品造型概念设计的初始条件分类有以下四种：

（1）没有可学习、借鉴的成熟造型实例，而且由功能模块布局或使用方式，可以判断出产品整体轮廓不太规整。 这时，需要从某个典型不规整部位着手，按照对应处功能模块的局部尺寸，设想和模拟所有的，或是可能的使用方式和过程，从中选出综合性价比最优的使用方式，从而确定此处的轮廓特征。

而后，其他部位做跟随处理。即基于此局部的轮廓特征，贯联延伸、启承转接变化，直至确定整个产品轮廓特征。如图9-5所示的料理搅拌器，即是先设计出适于手持的造型特征，然后向两端顺延过渡变化，上部生成卡装电缆的特征，下部生成搅拌翅护框。

关键造型特征的具体创造过程，如图9-6所示。

（2）有可学习、借鉴的成熟造型实例，但产品整体轮廓不规整，甚至很不规整。 这种情况下，往往存在很多可以优化的内容，可以创造更多的价值，尤其是审美价值，从而获得更高的性价比和最终的市场竞争优势。可以在学习借鉴实例的同时，参照第一种情形中的对应处理方式，对所有部位分别设想优化方案，再统筹选择，确定优化基础特征并优化方向。

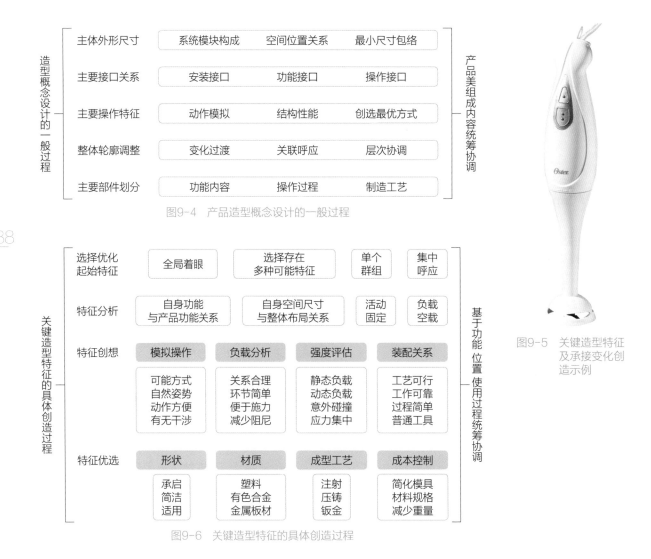

图9-4　产品造型概念设计的一般过程

图9-5　关键造型特征及承接变化创造示例

图9-6　关键造型特征的具体创造过程

如图9-7所示的洗车机，即是从在普通手柄迎面增加凹槽（结合内筋，可以提高强度）开始，顺势将凹槽轮廓线往下做呼应转化（因为主体都是塑料材质，两种主色换成统一的低彩度复色更好）。造型还可以从手柄两侧开始，往下做渐变倒锥弧处理，逐渐增加锥弧半径，形成上下贯通、富有变化的圆润机身轮廓。

（3）**还没有可学习、借鉴的成熟案例，但由功能模块布局或使用方式，能判断出产品整体轮廓比较规整。**这时可按设计输入的相关要求和参数，结合尺度与比例，优化产品整体轮廓。重点是通过优化功能模块布局和装连关系，尽可能减小外形尺寸和提高整体轮廓质量。

（4）**有可以学习、借鉴的成熟案例，产品整体轮廓比较规整。**这时需要学习、借鉴现有实例，按设计输入的相关要求和参数、结合比例与尺度，直接划定产品整体轮廓。但须注意对其中的关键结构，结合相关领域的技术进步，进行综合创造优化，以提升产品造型整体感。比如电视机的底座形式，电冰箱的门轴和门扣手形式，笔记本电脑的转轴等。

9.2.1.3 提升产品造型整体感的主要因素

不管哪种情况，产品轮廓都须有尽可能强的整体感——即对应产品形式美法则的最高层次"单纯与和谐"的要求。产品造型的整体感，是决定产品审美价值的第一要素，是衡量产品造型质量的首要条件。

除了产品轮廓外，色彩应用也是影响产品造型整体感强弱的重要因素。概念设计也包括主体轮廓的色彩应用，并且是同步进行的。因为产品轮廓特征、材料选用、成型方式、表面处理（形成色彩）之间，是互动影响的。所以，产品轮廓要尽可能圆润、流畅，避免尖棱突兀；结合整体轮廓，统筹规划主要零部件装配缝线，使得造型特征层次得当；产品色彩种类应尽可能减少，不可避免地需要增加

手柄迎面凹槽

手柄背面内筋

图9-7 优化基础特征选取及顺应变化创造示例

色彩种类时，需要按照色彩应用原理搭配色彩。

9.2.2 产品造型方案细化、量化过程

概念设计完成后，即有了产品的整体轮廓定性设计，以及完成主体部件定性分割后，再根据设计输入更细致层次的内容，逐步细化、量化。包括主体轮廓数值化，更小的部件划分与赋值，局部特征的生成与赋值，直至完成全部造型定量设计。

细化过程同概念设计过程，本质是一样的；不过此时是依据更细节的设计输入内容，研究人类生活，模拟人机关系过程，进而优化细部特征，并完成赋值。

同时，这些承载具体实用功能的细化部分，都须基于维护与促进产品整体轮廓。即这些细化的外露零部件的形状特征和它们之间的装配缝线，不应破坏和弱化产品轮廓整体感。

如同构思产品整体轮廓时，已同步考虑主体零部件分割一样，细化、量化后的零部件的形状特征和它们之间的装配缝线，不但不影响产品造型的整体感，还使得产品整体感具有更多层次的形成线索，更丰富的审美意蕴。

9.3 产品造型方案设计实施过程小结

概念设计是产品造型方案设计的难点、突破点，实际上决定了造型方案质量的上限。

概念设计的过程有理有据，有章可循；不能空想以数量来投机。合理的设计一款就能成功；不合理的设计，数量再多也无益处。

根据产品内容包含的功能模块、功能逻辑关系，以及相应的空间位置关系，结合结构尺度综合优化，形成整机主体轮廓特征。

研究人类生活、模拟各个功能模块的操作方式和过程，结合产品美学和工业技术原理，细化外观造型。按照使用环境，综合配比色彩。

在第10章中，将会通过对常见产品造型案例分析和产品造型设计训练，说明产品造型概念设计的构思过程和细化局部特征的处理方法。

本章小结

本章在第2章的基础上，综合应用前述各章内容，进一步从任务准备、概念创想到细化、量化等完成造型方案设计的具体过程，详细解释了产品造型方案设计实施原理。其中重点解释了设计输入开发涉及的常规内容，产品知识的积累途径，产品造型方案概念设计的具体过程。

思考题

1. 请叙述设计输入开发包含的主要内容。
2. 请谈谈你对产品知识的理解以及如何积累产品知识。
3. 产品造型概念设计需要完成哪些内容？
4. 如何创想和选择主要操作部位的造型特征？
5. 促进产品造型整体感的因素有哪些？

家用电器、交通工具、作业装备和家具是最常见的产品大类，消费需求总量庞大，从业单位数量众多，且产品造型是其赢得市场竞胜的重要因素。因而上述产业对产品造型设计人才需求旺盛，为毕业生提供海量就业岗位。由于学生在日常生活中，对这些常见产品较为熟悉，取之作为学习和设计训练案例，既便于学生对照检查，更好地理解和掌握产品造型方案设计实施原理，还有助于毕业生应聘求职和以后的职业发展。

10.1　家用电器例

家用电器所用材料，集中在塑料、薄金属板、有色合金等大类，其加工工艺主要对应塑料注射、钣金和压力铸造等。为了充分发挥资源和技术效益，很多厂商都提供多种家电产品：既有利于增加市场份额，也能扩大品牌影响力；同时还能激发技术升级动力，降低新技术应用成本，形成资源效益良性循环。

同类家电产品的内部功能模块是可以通用的，产业链分工协作，有利于技术资源效益最大化。一个家电品牌可以只做造型，通过优秀产品造型设计，赢取最大市场份额，进而更多、更好地引领产业链技术方向。所以，产品造型设计已成为家电产品的核心市场竞争力。

10.1.1　台灯

如图10-1所示的台灯造型，就像一个建模命令生成的简洁特征。其设计思想是通过分析市场需求，确定产品关键特征；关注产业链相关技术进步，通过

应用LED灯珠、PVC护套螺旋管装电缆、触摸开关等，实现造型创新。

其造型设计思路，是从构思灯头与灯座形成呼应开始，继而选用相应材料，支持造型轮廓变化。

091

图10-1　造型设计案例分析——台灯

其中，灯座轮廓近似前后长轴椭圆形；LED灯珠体积小，便于拼组；灯头轮廓通过连贯变化与过渡承接，与灯座形状相对呼应。

螺旋管装电缆，方便调整和保持灯头的方位。PVC护套与灯头罩、灯座（均为ABS材质）同色搭配；色彩统一、整体感好，也减少了原材料种类，便于生产管理。

触摸开关，无须凸出特征，故不影响灯座轮廓。

各部分形状结构的变化，与各自对应功能相契合，并保有关联线索。

整体造型，起承转合、连贯圆润、首尾呼应，整体感好。

10.1.2 家庭网关

家庭网关有卧式和立式两种放置方式，所以对应有两种造型方案设计（也有兼容两种放置方式的造型设计）。如图10-2所示是一种立式家庭网关造型实例。

如图10-3所示，其造型设计思路从依据输入、

图10-2 造型设计训练——家庭网关

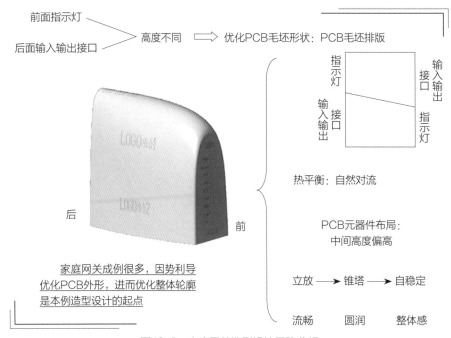

图10-3 家庭网关造型设计思路分析

输出端接口配置，优化PCB毛坯形状开始，根据PCB上元器件高度布置，相应变化外轮廓。连贯流畅的异形弧面，形成前后方向上中部凸起、两端收缩的锥塔；既提供了稳定立放座面，也能更好地支持由底部到顶部的散热风路。

10.1.3 电热水器

图10-4中所示为电热水器，是在图6-30示例基础上的改进设计，整体轮廓更简洁。

造型设计思路：外壳主体包括前罩和后盖板两个塑料件。由包裹在塑料外壳内的金属结构件承重，挂壁安装。外壳不承受重量。尽量利用高度方向，满足设计容积；以使重心贴近墙壁，降低膨胀螺栓负载。除提供显示屏安装基平面之外，轮廓表面无须额外增加更多变形，前罩刚度由内筋补充。

10.1.4 洗衣机

如图10-5所示为一种顶开式滚筒洗衣机。

造型思路分析：占用空间小是本款洗衣机的首要特点；投取衣物姿势也相对舒适；操控键后置利于布线，仰角缓解位置空间对人体动作的限制。机壳为钣金件（左右侧板）与塑料件（前罩板、顶盖板）的组合。主色色彩统一、轮廓简洁、整体感好。

10.1.5 电视机

如图10-6所示，电视机的支腿与机框在形状上有连贯线索，有助于提高造型整体感。

从功能和外观上，显示屏边框越窄越好，宜减少或隐藏装配缝线。色彩宜选用黑色或深灰纯净色。

综上所述，一般来说，家电产品外轮廓较为规整，设计主体任务是优化功能属性、确定整体结构框架及对应材料选择。是对细部及其与主体衔接照应的精益创新，以迅速提升看似平常的外观轮廓的造型质量。

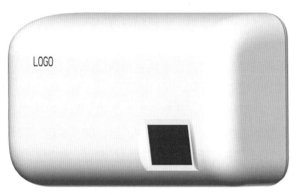

图10-4 电热水器造型设计思路分析

图10-5 顶开式滚筒洗衣机造型思路分析

图10-6 电视机造型设计案例分析

093

10.2 交通运输工具例

交通运输工具有很多种类，大体可分为公路交通运输工具、轨道交通运输工具、水上交通运输工具和空中交通运输工具。公路交通运输工具，又可分为载人交通工具、普通货物运输工具和特种运输工具。

下面结合新能源技术在交通工具中的应用，以一款太阳能电动车为例，介绍产品造型设计实施原理的应用过程要项。而后简明扼要介绍地小汽车、3D打印跑车和无人驾驶汽车的车身造型案例，并列出汽车车身造型方案设计的主要步骤。

10.2.1 太阳能电动车

10.2.1.1 提出设计任务

不可再生资源的使用过程污染环境，而且其存量终将耗尽；可再生能源必将成为今后能源利用的倚重。太阳能作为可再生能源之一，资源丰富、即时免费、没有污染，已经受到世界各国的重视和相应政策扶持。设计开发太阳能电动车，并力争以美观的造型服务市场，必将受到政府鼓励和消费者欢迎。

10.2.1.2 定义设计任务

太阳能电动车，使用太阳能电池板，把光能转化成电能，储存在蓄电池中，为电动机提供动力。

根据市场目标，设计载重和平均车速，并以此确定太阳能电池板功率。

10.2.1.3 开发设计输入

重点包括以下内容：

①**相关标准**：产品标准及产业标准。

②**能源背景知识**：不可再生能源分类、存量、使用以及影响；可再生能源分类、基本属性、产业政策、开发技术、相关产业链发展状况。

③**产品系统知识**：电池板结构属性及工作原理，整车驱动与控制系统。

④**产品结构与零部件制造、装配过程知识**。

⑤**市场上已有同类产品的功能参数、结构及造型**。

10.2.1.4 方案设计

太阳能电动车已经有一些产品实例，但以后市场会有更多需求。长远的升级需求还很期待优秀设计，重点是稳定可靠的功能系统和美观的造型。

如图10-7所示为匈牙利的Hangay Gabor公司开发的一种太阳能电动车，提供单人顶开式驾驶舱，顶舱盖和后舱板上布置太阳能电池板。

①**功能与结构**：太阳能、蓄电池和人力混合动力；单人封闭顶开式驾驶舱。前2后1倒三轮；顶舱盖和后舱板上布置太阳能电池板。

②**造型思路**：结合功能区布置，轮廓自然变化、连贯圆润、过渡流畅、前后照应，犹如进化良好的动物外形，呈现美好的整体感。各功能区零部件形状划分合理，装配缝线自然贴切。不但没有影响车身轮廓整体感，而且结合提供大角度视窗、电池板安装位、观察和指示灯孔位，以及车身与前车轮罩的照应衔接，还使得车身各处的造型特征可以互相传递变化线索。

③**延伸分析**：该车造型近乎完美的整体轮廓及科学的条理层次，来自于对产品功能系统组成的清晰理解，来自于对产品结构材料属性、成型工艺和装配方式的透彻把握，来自于对产品美学，尤其是对产品形式美的心领神会；最重要的是，能够将以上内容联动构思、并行优化，从而实现产品美的综合同步创造。

图10-7　造型设计案例分析——太阳能电动车

10.2.2 小汽车

小汽车造型设计有三个重要部分。

首先是服务于驾乘空间和动力性能的车身整体轮廓设计；其次是零部件轮廓划分（与车身整体轮廓存在互动调整）；最后是色彩应用。其中零部件分形，尤其是引擎盖板与周围部件之间的装配缝线，是影响整体造型质量的关键因素。

如图10-8所示，与引擎盖板前端邻接的通风栅栏，缓冲、弱化了引擎盖板与前侧围之间装配缝线的即视感。车头下部的通风栅栏，通过形状呼应，起到了类似的分散作用。车身通体深灰色，又对之具有更进一步的掩隐作用。

10.2.3 3D打印超级跑车

对于形状复杂的结构，3D打印由于不受诸如钣金模压、合金压铸或塑料注射等工艺分模的限制，可以制造更具适用性和更为美观的产品，因而在单件或少量定制生产中，有很好的表现（图10-9）。

由于批量成本以及总体加工效率受限，3D打印还不宜应用于批量生产工业产品。如图10-10所示，为美国Divergent Microfactories公司推出的3D打印超级跑车。发动机后置、较低的底盘、顶覆式视窗，使得整车轮廓曲面更加平缓流畅。3D打印使得单体组件，可以集成更多结构功能；加之电动展翼式开门，无须门拉手等。减少了装配缝线，更有利于呈现造型整体感。从前方看，可谓浑然一体。车身、视窗、车灯以及通风栅格等，色彩应用非常协调。

10.2.4 无人驾驶汽车

非燃油动力及无人驾驶技术，解除了传统燃油动力复杂机舱、人力操纵系统，对汽车造型的束缚，也带来如何方便运营维护等，需要重新思考的问题。

如图10-11所示，为荷兰移动出行服务供应商

图10-8 造型设计案例分析——小汽车

图10-9 3D打印产品示例——受伤的鸟的新喙部

图10-10 造型设计案例分析——3D打印超级跑车

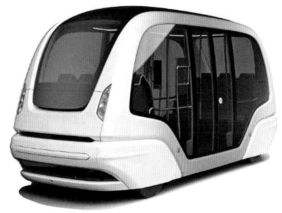

图10-11 造型设计案例分析——无人驾驶公共交通车

2getthere公司开发的一种无人驾驶公共交通车。采用电力驱动，内厢接近完全乘用空间，外视野连贯开阔（宜选用深色玻璃或贴膜等，进行防晒处理），车轮隐蔽，车身轮廓外观零部件数量，较普通车型减少；平滑过渡的曲面，加上贯通呼应的变化线索，使得整车轮廓简洁流畅，整体感很好。

10.2.5　小汽车车身造型方案设计总体步骤

（1）优化目标车型的驾乘空间，结合系统总体布局，规划整车轮廓。

（2）对整车轮廓，合理划分各零部件装配缝线。其中普通车型前置引擎盖板与周围部件的装配缝线，对整车造型质量影响重大。

（3）结合整车轮廓，顺应设计外观上其他的功能附件。

（4）色彩应用宜与车身轮廓同步考虑，以便统一优化；主色宜选用低纯度复色；尽量减少色彩种类。

（5）以达到功能、性能、使用、环保、经济和美观相统一，为汽车造型的设计目标。

10.3　作业装备例

各行各业开展工作，比如加工制造、工程施工、通信服务、能源供应、医疗保健等，都需要相应的作业装备。很多时候，作业装备的功能与质量，基本决定其服务水平。虽然系统功能技术原理，对作业装备最为关键，造型设计作为工业设计的实践载体，仍然通过由内而外的系统优化，创造巨大价值，在作业装备设计开发过程中，承担着极其重要的作用。

10.3.1　作业装备造型设计的重要作用

作业装备大体上可分为四类，如表10-1所示。其中制造、施工与检控类，为公共基础装备；特别是制造装备，用来制造包括其他装备在内的所有工业产品。随着技术升级与集成应用，尤其是AI技术的快速进步，推动作业装备智能化程度加深，在多种行业出现了作业机器人。

表10-1　作业装备分类

类别	举例	备注
工业产品制造装备	包括单体和流水线如车床、SMT生产线（图10-12）	
土木建筑施工装备	楼宇、道路、桥梁、隧道等工程施工机械从小型手持工具到大型装备	自动化、智能化发展，出现作业机器人
行业作业装备	通信、能源、食品、纺织、化工、医疗、采矿、农机等	
检测控制装备	各种测试仪（系统）、环境调节装备	

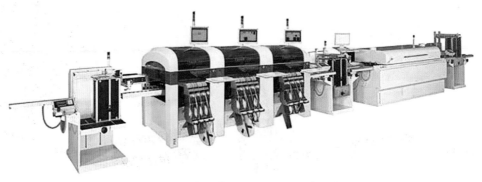

图10-12　作业装备示例——SMT生产线

作业装备多涉及相应的信息控制、能量转换、机械传动等关联模块。操作应用过程较为复杂，往往需要经过专业培训的人员才能胜任操作。

系统功能技术原理是其发挥功能的核心部分，也决定了其品质可靠性的优劣。因而，人们都必然关注作业装备的功能属性、具体参数、使用体验以及性价比。此处的"使用体验"往往集中在功能参数、作业效率和操作生理体验上，非常容易忽略作业者的心理体验。但获得全面审美体验的满足，可以让作业过程更加愉悦，从而减缓疲劳、提高效率。

工业设计致力于系统优化。产品造型设计作为工业设计在产品设计开发中的实践载体，其创造的优美外观，是通过由内而外的系统优化，顺势而成的。这种经过系统功能原理路径选择、功能模块逻辑与空间位置关系、操作使用过程、整机结构外形尺寸与装配关系、零部件形状、材料、成型与表面处理等，产品全生命周期内人—机—环境关系的综合并行优化后，创造出的产品造型，不仅仅是呈现出服务于产品功能的形式美，还并行实现了产品的使用美、体验美和生态美，从制造商资源利用效益到用户体验、作业效率等都创造了巨大价值，从而对作业装备的市场竞胜，具有极其重要的作用。

对用户来说，选择具有综合产品美属性的作业装备，还能展示、宣扬属主自身的企业文化品位，树立和强化品牌形象。

10.3.2 作业装备造型设计涉及的知识能力体系

相对于其他工业产品，作业装备造型设计，所须掌握的知识体量最大。比如理解作业需求产生背景原因，熟悉相关领域政策、标准，理解作业装备系统原理，熟悉同类结构组成与材料属性，分析、模拟正常作业全部操作以及维修过程等。

开发作业装备造型设计的设计输入，以及接后的造型方案具体设计，都需要依靠足够强大的系统性逻辑思考能力。

10.3.3 作业装备造型设计关键准备环节

作业装备造型设计的关键准备环节，首先是开发出完整的设计输入，其次是进行完全作业过程场景模拟。

在所有工业产品类别中，作业装备造型设计的设计输入涉及内容最多，其中的约束层次关系也较为复杂。在日常生活经验中，很容易积累家电、交通工具和家具等产品的使用、结构等相关信息。而作业装备则不同，具有很强的行业属性，有效、安全的作业过程，包含多种能量转化和复杂的机构运动，需要遵守的产业政策、行业标准较多，只有经过专门培训或行业老手才能完全熟悉。

完全作业过程场景设想与模拟，也由于其具有行业属性，内容复杂，并且包含严格的逻辑关系，是综合创造优秀作业装备造型的先决任务。进行作业装备造型设计，务必谨慎严密、科学地完成设计输入开发和完全作业过程场景设想与模拟。在随后的作业装备造型例讲中，也将重点介绍如何完成这两个关键环节。

10.3.4 作业装备造型实训——通信设备例

10.3.4.1 功能背景

通信网络是全球化经济体系信息交换的支撑。随着技术更新，光通信网络已成为通信服务的基础。

华为技术有限公司、烽火通信科技股份有限公司等，是国内著名的通信设备研发制造商，也都很早成功进入国际市场。通信设备的使用方主要是通信服务商，比如国内的电信、移动、联通等公司；也有的使用方是某些专门组织，比如电力、石油、军事等部门系统。

10.3.4.2 设计输入要项

（1）**安装环境与关联尺寸**。通信设备的使用环境分两种：室内和室外。室内使用环境，又分为通信机房、楼道或移动载体（比如移动通信车）。

室外通信设备，一般需要安装在室外通信机柜内。室内使用的通信设备，大多是安装于室内通信机柜中（图10-13）。如果其整体外形尺寸和重量允许，也可以安装在墙壁上。

由于一台机柜内，往往可以安装多套通信设备，所以，业内也将安装于通信机柜内的通信设

图10-13　通信设备柜内安装及机盘与背板的装配关系示意

备，称为通信子框。

安装于机柜内的设备，两端都有安装孔。安装孔中心距，与机柜左右两边安装挂柱上的安装孔中心距相等（图10-14）。

通信子框宽度方向的安装孔中心距有两种制式：英制19in，即465mm；公制515mm。安装孔中心距，决定了设备的宽度尺寸。采用何种制式，由设备属性决定，同时也决定了设备正面功能区的宽度尺寸。

常见传输设备采用公制；用户接入设备，采用英制。

通信子框高度方向上的尺寸，也有英制和公制

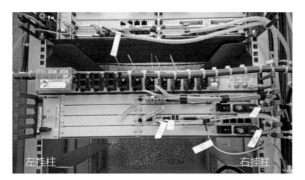

图10-14　通信设备在通信机柜内安装实例

两种制式。英制以"U"（即Unit）为单位，1U即44.45mm，公制以"25mm"为模数递增。

设备高度尺寸，宜占满整模数（上下各留出安装间隙0.5mm）。否则，不满整模数的部分，实际也将占用整模数的安装空间。

通信机柜高度，有2m、2.2m和2.6m三种。其中2.2m最为常用。机柜高度，与机房走线槽等设施布置相关。

常用的机柜深度（即前后方向）尺寸有四种。公制的600mm和300mm，以及英制的450mm和600mm。

设备深度方向的尺寸，由设备属性决定，即由机盘深度尺寸决定（图10-13中右图所示）。凸出机盘面板之外的所有特征，限制在机柜门闭合后，门内边到机盘面板之间的空间以内，且须留出余量（一般2~3mm）。

以上解释了通信设备造型设计，所须遵守的基础设计输入——安装环境与尺寸布置。

（2）**线缆布置**。通信设备在工作状态，需要自机盘面板往外，引出光纤或电缆。造型设计需要考虑到其数量、位置，以及在机柜内的走线路径、捆

扎和保护等环节。

（3）**功能区布置及关联尺寸。**如图10-15所示的通信设备，一般是安装在通信机柜内。其整体外形尺寸和重量都不大，故也可壁挂安装。壁挂安装时，使用左右两侧底部的安装孔，与另外的安装附件（业内一般称安装弯角）连接；安装附件再与墙壁，通过地脚膨胀螺栓，进行固定连接。

如图10-16所示，该通信子框功能区布置，从左至右依次为，防尘网（又称防尘单元）、风扇（又称风扇单元）和机盘区。

依据设备功能总体配置，确定机盘区机盘布局（机盘面板尺寸、机盘种类和数量以及排列方式。该款子框是横排两列2×6共12块机盘），同时也确定了机盘区正面的总宽度、总高度和其在功能区的具体位置。

机盘区配置，决定了风扇单元和防尘单元的高度及宽度。宽度方向的尺寸，可以根据风扇规格，在风扇单元和防尘单元二者之间适度调整。

机盘区上部，为该款通信设备的顶棚，高度为机盘区所占高度模数的总数加1后，乘高度模数值，再减去机盘区高度和下边框高度。功能区两边，是安装弯角。右安装弯角前方是走线槽，用来分割、布置由机盘光连接器接出的光纤，或由电连接器接出的电缆。

因为左边有风扇单元、防尘单元，所以从机盘面板接出的光纤和电缆，需要往右边布置。机盘面板光电连接器以及指示灯等布置，由选配的机盘种类确定。安装弯角、机框主体，均为钣金件。机框主体形状为长方体，宽、高、深尺寸已由前述条件确定。机盘面板为钣金件或铝合金型材。机盘扳键视形状、尺寸不同，可以采用塑料注射、铝合金压铸或者钢板线切割等制作工艺。该款设备的机盘扳键为合金压铸件。一般来说，扳键往往采用已有的通用件。

（4）**造型方案概念设计。**由于机盘是继用已有规格，该款设备造型设计的创作内容，包括风扇单

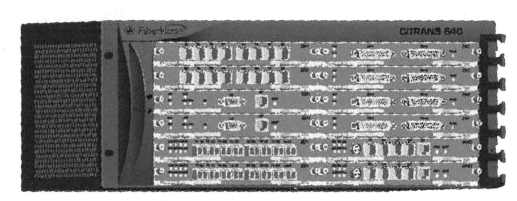

图10-15　造型设计训练——通信设备

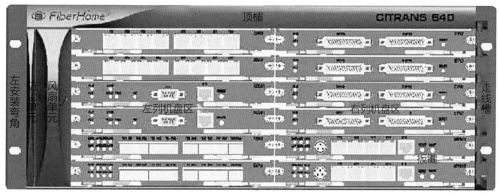

图10-16　功能区布置

元、防尘单元、顶棚、走线槽以及产品Logo布置。

造型设计的重点，是使产品外观呈现整体感，并与产品功能、性能与使用操作相适应。即在保证各个功能模块可靠工作的前提下，各部分轮廓变化，呈现关联线索。

本例中，由于风扇单元、防尘单元需要定期拔出检查、清理，故从模拟风扇单元、防尘单元的操作方式起始，寻求造型概念。经模拟比较，选取符合自然动作的手柄形式，作为操作接口（作为参照，图10-17左下处所示，也是一种常见的手柄形式）。

如图10-18所示，由风扇单元和防尘单元手柄的异形弧面起始：其下端，在高度方向上（即图中的上下方向），与子框下边框上沿平齐（留0.5mm装配间隙，下同）。在深度方向上（即图中的前后方向），与机盘面板平齐。其上端，在高度方向上，

与子框上边框下沿平齐。在深度方向上，超出机盘面板；过机盘区后，弧形轮廓继续延伸、回落，形成顶棚的一部分，沿顶棚宽度方向，往右上顺延弧形轮廓，并提供Logo印制位置；自机盘区左上方始（即不影响机盘插拔空间），采用异形弧面过渡，向右演变成对称薄弧面，并提供产品名称、型号印制位置。

对风扇单元和防尘单元的手柄弧面处，分别左右对称沉空，形成插拔操作形状和空间。在其异形弧面中段，即最外凸处，增加凸缘细部特征，以提高施力效果。

如此整体演变过渡，使得整个子框轮廓特征显现出很好的整体感。再在顶棚左右两端，分别布置制造商Logo和产品名称、代号，将形状变化与功能分区有机结合，丰富轮廓整体的衔接关系。

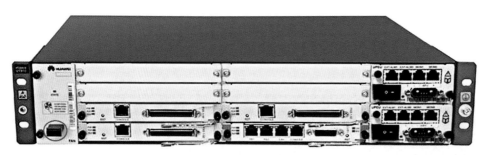

图10-17　风扇单元手柄形式示例

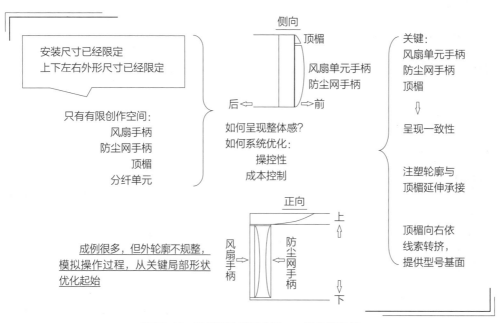

图10-18　造型设计思路分析——通信设备例

风扇单元、防尘单元、顶楣、右端的走线槽，均采用塑料注射工艺。批量生产比常见的金属结构，能显著降低制造成本。

走线槽为中空结构，即从右往左可见沉空槽（图10-19），以提供足够强度，同时也减少原料消耗。从整体上，圆润特征之间形成呼应。

10.3.5　作业装备造型案例分析——通信机柜

10.3.5.1　通信机柜应用环境与典型结构

室外通信机柜为应对气候条件，需要增加相应的模块或特征，如空调或其他温度调节模块、防水特征等。此外的内容与室内机柜相通。

机柜主体结构形式有两种：螺栓连接式和焊接式。

螺栓连接式零部件尺寸小，加工处理方便，但需要注意螺栓连接的可靠性。一般通过多维向螺栓组合预紧连接，保证机柜主体的连接刚度。螺栓连接式机柜的结构组成，主要包括底框、顶框、立柱、门楣、前门、后门和侧板（图10-20）。

焊接式机柜相对比较容易获得良好的整体刚度，但会增加加工处理尤其电镀工艺的难度。

焊接式机柜的结构组成主要包括柜体、门楣、前门、后门和侧板。

10.3.5.2　通信机柜造型设计的重点和难点

通信机柜造型设计的重点是整体轮廓要简洁、连贯，各部分呈现合适的尺度与比例。其中的难点是对门的处理，尤其门铰链、门锁和上下门楣等部分。

因为散热需要，门板需要打孔，因而强度有不同程度的减弱，需要加强特征。为了防尘，门板还需要内覆防尘网。

门铰一般采取内隐结构，还须保证门拆装方便，最好单人就能完成操作。

门锁一般是外购件。除了功能可靠之外，门锁的形状和色彩，宜与机柜造型相谐调。

如图10-20所示为室内通信机柜造型实例，其主体结构为螺栓连接式。

此例机柜的顶楣和顶框、底楣和底框都是一体的，并且高度尺寸较小，起到增多柜内安装高度容量，减少侧面装配缝线，弱化顶楣、底楣即视感的作用。

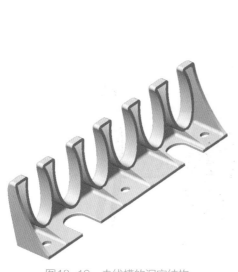

图10-19　走线槽的沉空结构

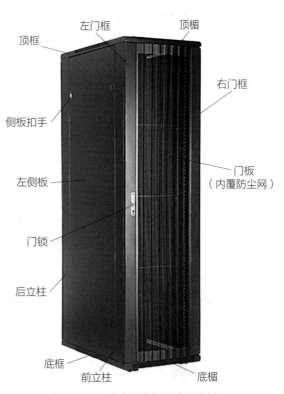

图10-20　室内通信机柜造型实例

门板设计有褶筋，增加了散热孔面积，也增强了门板刚度。

除门锁以外，统一采用深灰色彩。

各组件布局与变化，服务于功能需求，同时也形成以柜门为主导的造型整体感。

综上所述，作业装备造型设计，是对装备整体功能综合优化的结果。其质量决定了作业装备综合性能的上限。优秀作业装备造型设计，能提供可靠、舒心的作业过程，是提高作业效率的有力助剂，是提升用户和供应商企业品牌的有利载体。优秀品牌作业装备制造商，均应充分发挥造型设计的力量，以创造技术资源最大价值。

10.4 家具例

由于家具的功能和使用相对明确，造型设计成为主要竞争力，是家具设计的核心内容。

10.4.1 家具造型设计实例分析——折叠床

如图10-21所示，折叠床床面形状，符合人体使用需求；节省材料，也能减少占用空间。床面缝线纹路，适应结构受力。床面面料色彩清雅柔和。

10.4.2 家具造型设计实例分析——餐桌椅组合

如图10-22所示，餐桌桌面边框为实木，外边角为圆弧轮廓；中间桌面为胶合板；同色搭配，弱化装配缝线即视感。餐桌与餐椅，形状呼应，色彩统一。整体造型谐调、简洁、敛雅，方便使用，节约材料。

综上所述，人们对家具的审美，具有齐套性要

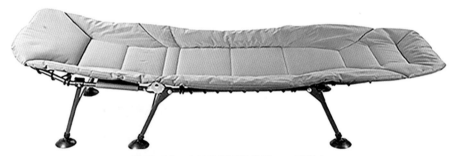

图10-21　家具造型设计分析——折叠床

图10-22　家具造型设计分析——餐桌椅组合

求，使家具产业有更多机会和特殊价值。材料属性、结构与装配工艺、产品美学等，是家具造型设计的核心知识模块。色彩应用，是形成齐套家具统一视觉效果的关键环节。

📝 补充要点

▶ 家具设计是产品造型设计发挥力量的一个重要领域

家具与日常起居生活联系密切，因而对满足人们的审美需要，引领受众的审美意识，促进社会文明等，具有更为频密的影响。当下，家具市场，无论从类别、数量，还是对质量的要求，都在快速攀升。家具设计，越发成为产品造型设计发挥力量的一个重要领域。

相较于其他类别的工业产品，家具的实用功能相对单纯，易于实现。其形状和色彩应用，在产品质量中占据更多分量。由于家具的外观面较少牵涉外购通用件，加之家具使用的原材料及其成色工艺的特点，促成家具的色调选择有更多自由，更容易实现同色搭配。

🔄 本章小结

合理的知识结构，是胜任产品造型设计的前提；尤其是产品结构知识，为充分的造型设计空间，提供关键支持。后续的创造，只须循着产品造型方案设计实施原理，必然水到渠成。

💡 思考题

1. 家电产品具有哪些相通性？
2. 请叙述小汽车车身造型方案设计的总体步骤。
3. 造型设计对作业装备市场竞胜有哪些重要影响？
4. 作业装备造型设计的准备环节包括哪些关键内容？
5. 人们对家具的审美需求有什么特点？

附 I

1.1 工业设计专业内涵概述

工业设计专业的宗旨是创造高尚生活品质，途径是实现技术资源最佳效益，核心业务是产品造型设计。

工业设计专业的内涵可以表述为：以工业产品造型设计为核心，在由所需各种专业知识技能的人员组成的产品开发团队中，通过追求技术进步及其与相关资源的最佳配置，引领合理地选择与组织相关技术知识的融汇应用，持续地创造、优化或保持满足人类物质和精神需要的产品、服务和环境，使技术资源应用效益最大化，获得最佳投入与综合产出比，并传播高尚文化。

不同于在其他基础理论学科或理论与应用并重的学科中，纯粹的理论研究有其独立的价值意义。而工业设计理论来自于对人们在日常生活中的体察与研究，来自于人们对产品开发实践的探索与总结。同时工业设计理论也必须应用于产品开发过程，接受人们生活、工作实践的检验，才能发挥作用。

因而，工业设计本身是一个纯粹应用型专业。

1.2 工业设计对社会的影响

1.2.1 消费者

激发消费愿望，使消费者能买到满意的商品，提升受众审美能力，传播高尚文化。

美观的产品造型是比理论更好的教材。但拙劣的产品造型，则会对培养受众审美意识和提高受众审美能力产生干扰和误导。

产品美的产生是一个符合技术规定性的科学过程，和节约是孪生兄弟。消费者接触美的产品，会逐渐受到健康审美文化的启发，形成正确的审美观，进而具有准确的产品评判能力，完成自主的理性消费选择，促进经济可持续发展，提升社会文明程度。

1.2.2 产品功能原理工程师

将创新功能技术原理及时、顺利地转化为生产力，化专业间制约为专业间支持，实现技术资源应用效益最大化。

我们常说，科学技术是第一生产力。但如果科学技术仅停留在技术文档的阶段，那还不是现实生产力。即使科学技术形成了产品，都不一定能成为现实生产力。只有科学技术形成产品并被消费者接受，才能最终形成现实生产力。

而要将科学技术转化为现实生产力，工业设计是最佳催化剂：针对核心技术，进行科学产品功能定义；综合应用，化专业间制约为专业间支持；系统优化，完成产品美的综合创造。使转化过程获得最优总体效益。

1.2.3 产品制造、验证、安装、维护、回收等中间过程技术服务人员

省心、省力、省时、环保、愉悦。

1.2.4 企业管理决策者

获得最佳投入产出效益，从而更加重视对工业设计的指导与支持。

1.2.5 政府与组织

工业设计是促进社会经济持续发展不可代替的力量。

2010年7月22日，中华人民共和国工业和信息化部等11个部（局）委联合发布《关于促进工业设计发展的若干指导意见》，各省市纷纷跟进。有些沿海地区甚至更早就制定与实施相关政策，支持工业设计在经济发展中的应用和促进工业设计发展水平。

工业设计对社会的影响并不是分立的，通过工业设计，取得资源效益，是一个综合并行的过程。

1.3 工业设计专业宽阔的职业前景

工业设计对社会的影响，决定了该专业的价值和宽阔的职业前景。

随着经济发展、需求增长、产业繁荣，为市场竞胜，产品提供商均十分重视发挥产品造型设计在产品开发实践中的科学作用。合格的工业设计专业毕业生，一直供不应求。

党的"十九大"报告提出加快建设创新型国家。这对工业设计人才的需求急速扩大，工业设计必将大有可为。

1.4 工业设计专业多彩的大学生活

人类日常消费与生活中，离不了批量生产的工业产品。创造产品美，评判产品美，这就是工业设计专业的使命。

因而，工业设计专业的教学规划、课程设置及课堂进程，必须包含较其他专业更丰富的、贴近人们日常生活与社会审美文化，贴近企业产品设计开发实际过程的内容。

如基础美学素养培养、日常消费审美教育、家电家具卖场现场综合教学、工业制造现场多向综合教学、专题创作设计训练、案例分析与交流、模型制作、产品设计开发创业训练等——工业设计专业的学习内容丰富多彩。

1.5 大学工业设计专业的课程体系特点

1.5.1 "杂"而"精"

因为工业设计涉及多学科知识与能力的融汇综合应用，所以课程门类较多，内容交叉复用。又因为从事工业设计对相关多学科知识的应用有合理的范围与程度，也由于大学学制的限制与要求，每门课程的内容又必须精练、准确。

1.5.2 多课程，少学时

受现时学制所限，工业设计专业的每门课程教学学时，相对于教学内容需要都偏少。

1.5.3 多自学

教学规划除了课堂授课，还有大量的课后实践课、自学课，需要引导学生认真完成。尤其要教育学生养成"生活研究"的习惯，督促学生课后进行大量工程软件方面的自学练习。

1.5.4 多交流

教师与学生需要双向主动及时互动。教师要先主动引导学生，发现学生有偏差要主动及时指正。学生遇到难以解开的困惑，要主动向教师请教。同学之间，在教师安排的时间，尤其在课后，要广泛开展交流讨论。教师还要教育学生养成适时向有关人士请教和交流的习惯。

1.5.5 多实践

工业设计是一个应用型专业，所有工业设计专业

课程的教学，都必须结合尽量丰富的实践训练进行。

除了安排相应的课堂实践训练外，教师还要教育、指导学生广泛开展课后实践训练。比如课后实验、设计练习、模拟产品设计开发的创业训练、参与企业设计项目等。

1.5.6 考核形式多样，鼓励深入探讨

围绕培养产品造型设计能力，多样化的教学内容必然需要结合多样化的考核形式：过程启发与提问、设计构思、三维建模、实物模型、方案展示、汇报评价、个人或分组答辩、同学互相提问考核、专题论文等，以创造能让学生得到多方位锻炼的机会与环境。

与其他学科不同，很多情况下，工业设计问题的优秀解答不是唯一的。只要有理有据，经得起质疑的解答都是正确答案。

启发学生大胆设想，引导学生细心求证。降低沟通心理成本，鼓励学生畅所欲言。

1.6 大学工业设计专业的总体学习方法

1.6.1 熟悉课程设置

参考附表：工业设计专业课程体系（推荐）。

1.6.2 掌握课程特点

除掌握前述工业设计专业课程体系特点以外，还要理解其中每种课程的内容属性，及其在整个专业课程体系中的前后复用关系。

1.6.3 自我规划

工业设计专业的课程特点，决定了学习工业设计专业，一定要结合学校课程安排，做好自我学习规划。

1.6.4 主动学习、交流、实践

只有积极主动，才能赢得满足学习、掌握工业设计专业所必须的时间效率。

1.6.5 注重"生活研究"

养成日常衣食起居、出行等各种活动过程中，随时随处观察、实验、思考、记录、交流讨论的意识、兴趣和习惯。

1.6.6 重视积累产品实现工业过程知识

创造产品美必须遵守工业技术规定性。

产品实现工业过程的知识体量庞大，除认真学习工业设计科学基础和工程基础以外，还需要坚持在日常"生活研究"中，逐渐扩大积累产品设计开

发实践中的工业过程知识。

1.6.7 重视锻炼系统性逻辑思考能力

系统性逻辑思考能力，是完成产品造型设计的必须条件。工业设计专业的学生要建立主动思考的意识，而不能只是被动应激。要主动进行逻辑思考训练，逐步积累、增强系统性逻辑思考能力。伴随由此带来的学习能力的提高，体会思考的乐趣，并形成良性循环。

综述：

首先，准确理解工业设计的专业内涵和社会意义，明确工业设计专业所需要学习、掌握的复合知识课程体系的特点。

其次，结合美学修养系列课程学习过程，注意体察、积累对美的一般性认识，形成正确的审美观。

再次，务必重视工业设计科学基础和工程基础系列课程，学习并持续积累产品实现工业过程知识，以及锻炼系统性逻辑思考能力。

最后，通过学习产品设计理论和产品设计训练课程，尝试、坚持实践产品美的科学创造过程，逐渐形成正确的评判和创造能力。

这其中，由于大学学制和专业特点，除课堂教学外，自我规划、自我学习，成为学习和掌握工业设计专业不可或缺的关键组成部分。

相关知识

▶ 手绘与工业设计的关系

手绘，可以绘产品、建筑、山水、生物（包括人物）。

好的临摹，需要多练，需要积累基本功。

好的创作，还需要对相关对象（比如对相关产品）有一定程度的认知，有美好的意境构思创想。可以靠记忆或资料。但不一定达到可以设计产品的程度，即不需要非得遵守相关技术规定性。

工业设计，是提出工业产品（或某种工业过程、服务）的解决方案，要求透彻掌握问题内容及相关背景，然后创造出合理（可靠、好用、经济）、美观（符合技术美学）的实施方案，并将其清晰表述出来。

创作过程中，可以借助手绘进行部分辅助表达，帮助设计师自我展开思路。介绍与评价方案，则须通过三维软件建模，才足够清晰、可靠。用于制造的文件，也须依靠工程软件来传递数据。

社会上以及学校里，似乎有一种错误认知，把手绘看成了工业设计专业的必备技能；认为练不好手绘，就做不好工业设计。而工科学生入学前，一般不会专门练习手绘。这种认知影响了学生学习工业设计的信心和热情。

这种错误认知的根源，在于缺乏完整的产品设计开发实践经验，在于没有掌握产品造型设计实施原理。实际的产品设计开发过程，有严格的过程成本控制，不能产生价值的环节是不可能存在的。所以，原产品商自行的设计开发过程，不可能允许使用手绘效果图。只有某些提供商业服务的设计咨询机构，才有可能把手绘效果图，作为一种营销手段；但这违逆与客户共同成长的职业伦理，也会被成长中的客户所嫌弃，以至于消费大国的天量业务，最后被抑制到了星星点点。

总之，手绘不是工业设计专业的核心能力，仅仅是创想过程中的自我辅助表达工具；做好工业设计，并没有对手绘有特别的要求。

说明手绘与工业设计的关系，可以解除学生心理的包袱，使其科学地学习工业设计专业的核心能力，即融汇应用以产品美学和工业过程知识为主体的多科知识技能，优化产品生命周期全程与其各级用户的关系，科学地完成产品造型设计。

人们对工业设计专业的认知有一个过程。目前，为适应现实环境，工业设计的学生，在努力学习产品造型设计能力、学习工程软件建模能力的同时，还宜尽可能上好手绘课，尽量掌握好手绘表达能力。

107

附表 工业设计专业课程体系（推荐）

序号	课程类别	课程名称	开课时序 建议学期	参考学时
1	工业设计 专业导引系列	认识工业设计	1	2
		工业设计学习方法	1	2
		工业设计课程体系	1	5
		毕业求职材料、方法与过程	1	5
2	工业设计 科学基础系列	产品设计数学	1	80
		产品设计物理化学	2	60
		产品设计力学	3	80
3	工业设计 工程基础系列	机械制图	1	120
		产品设计人因工学	2	50
		产品设计常用材料与制造工艺	4	120
		产品设计工程基础	4	120
4	工业设计 美学修养系列	大众审美	1	30
		影音欣赏	2	40
		摄影与书法欣赏	2	20
		服装欣赏	2	30
		产品设计欣赏	4	80
5	工业设计 专业基础系列	工业设计概论	1	80
		工业设计史述评	2	60
		产品技术实现方法	3	60
		工业设计专业英语	5	60
6	产品设计 理论基础系列	产品系统设计	5	120
		产品结构设计	5	160
		产品造型设计	5	160
7	产品设计 训练系列	产品设计训练——家具	6	80
		产品设计训练——家用电器	6	80
		产品设计训练——交通工具	6	120
		产品设计训练——作业装备	7	120
8	方案表达系列	含手绘、三维、平面、动画、文案、口述等练习模块	多次开课，分阶练习 加强自修，梯次检查	
9	毕业设计	论文格式与撰写	7	5
		毕业设计选题与研究方法	7	5
		毕业答辩准备与过程	7	2

备注：
1. 不含大学公共课。
2. 手绘、软件建模等方案表达能力，一般都需要较多练习时间，宜分阶段多次安排适量导引课时，期间督促学生结合网络视频教学资源加强自修，分段多次考查，以促进学生逐渐达到熟练掌握方案表达的能力。

发现消费群体的现实和潜在需求，开发能满足其需求的产品，提高人们的生活品质，是每一个产品设计师的光荣使命。

在全球化市场竞争中，若要获得用户认可，须及时提供有合适功能和高性价比的产品。为了全球生态资源可持续发展，为了人们享有健康的生活和工作环境，相关组织制定了法律、法规、标准等生产与市场准入条件，产品设计开发须遵守相关内容。

好产品是高尚文化的传播者，不但满足人们的物质需求，还能提升大众审美，促进社会文明。同时，实现提供商利益最大化。

产品开发过程，须符合经济水平、社会文化、产业标准和竞争环境等市场条件。

首先要有合适的功能定义，合理地取舍目标群体的现实和潜在需求。然后创造或选取恰当的技术实现路径。

完成功能定义和确定技术实现路径的过程，即为产品系统设计。

产品系统设计，既对后续的产品造型设计和产品结构设计提出要求，也为之提供信息。

产品造型设计，须满足产品系统要求，优化产品结构性能和工艺实现路径；对产品结构设计提出要求，并提供信息。必要时，反馈有关产品系统的信息。

产品结构设计，须依照产品造型设计，进一步完成整机装配关系规划，完成产品零部件的具体结构设计。同样须满足产品系统要求；必要时，反馈有关产品系统和产品造型的信息。因而，在产品开发过程中，任务程序如下图所示：

产品造型，由工业设计、产品设计等专业人员完成。相较其他业务方向，产品造型设计实现最多经济价值，为毕业生提供海量优质就业岗位，因而，产品造型设计，是相关专业的核心业务。

产品造型设计，为人们提供美观的视觉效果和舒适的使用体验。同时，服务于产品系统功能要求，能促进产品结构性能优化。

所以学习产品造型设计课程前，需要先学习产品系统设计和产品结构设计。课程次序如下图：

"产品造型设计"，是在学生学完"产品系统设计""产品结构设计"等相关课程后，为培养其具体实施产品造型设计的能力而设置的课程。

通过课程学习，让学生理解产品造型，是遵循工业技术规律和产品美学原理，完成产品功能和外观结构，自内而外、并行优化的结果。

产品造型设计是相关专业毕业生的核心职业竞争力，是合格毕业生必须具备的能力。

本教材通篇专注于介绍产品造型方案设计实施原理。系统性强，内容精简（比如设计程序、产品标志设计等，只论精要。不涉及效果图、模型制作、计算机辅助设计等内容）。采取先总后分、再综合的编排体系，递次展开，较为系统地介绍了产品造型设计实施原理。即先总论工业设计与产品造型，总体介绍产品造型设计纲略，而后，分章节对所涉及的知识模块深入介绍。在综合前述内容的基础上，再延伸展开，详细介绍产品造型方案设计实施原理。最后，通过多种训练案例，说明产品造型方案设计实施原理的具体应用。

完成"产品系统设计""产品结构设计""产品造型设计"等产品设计系列课程后，还需要接续进行产品设计专题训练系列课程，以达到对设计理论的熟练应用。

产品造型设计作品赏析

　　产品造型设计，就是通过进行和完成产品系统并行优化，达到产品功能美、形式美、使用美、生态美和体验美的同步综合创造。产品造型方案设计实施原理，既是方法路径，也是检验标尺。

 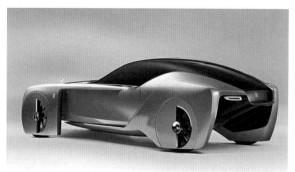

图1　小汽车造型设计（1）——2035年的劳斯莱斯

配合功能创新（该款概念车型集成了语音云服务、自动驾驶、自动开门、站立姿势上下车等诸多智能服务功能），造型设计统筹考虑了乘坐空间、动力系统布置、结构性能，以及优化设计速度下的风阻和稳定性等因素。车身轮廓较之既有车型润畅许多。车身颜色彩度显高，稍增灰度更好。

图2　小汽车造型设计（2）

车身主体轮廓流畅，层次良好，色彩雅致。

图3　小汽车造型设计（3）

车身轮廓整体感较好，层次较为合理。门把手等处有亮银色零部件，宜隐去，或与车身色彩一致。

图4　飞行汽车造型设计

飞行汽车已有多种试验车型。本例造型轻巧经济。

（a）旅行客车

（b）清洁能源公交车

图5　交通工具设计

一般来说，交通工具都是从前脸起始，构想造型的整体感。对于旅行客车和城市公交车，前脸规划更为重要，因为后部车身只须循着前脸传递的线索，支持对应功能区实现，变化相对简单。图示车型，通过对零部件形状和装配关系的科学设计，使得前脸层次清晰、条理谐致，后部车身顺应而就，色彩统一，整体感好。两种车通用前脸主体部件，既经济，又利于品牌推广。车身上的装饰图案（含色彩）与车身相关特征（通风孔、轮毂色彩、清洁能源仓印字等）存在呼应关系，包含积极、合适的寓意，也弱化了示廓灯引起的色彩冲突、弱化了旅行客车厢板（分割式厢板利于产品规格系列化）之间的装配缝线。旅行客车驾驶窗与乘客窗之间的装饰色条（含与之串联的乘客窗下边缘的色条）没有必要，宜循用车身色彩。

图6　氢能源有轨电车

色彩应用与零部件（功能形状、性能特征与装配关系）相配合，使得车身整体轮廓变化合理、流畅谐致。车钩罩板在视觉形式上优于以往的贯通直面缝线（如和谐号、复兴号机车车钩罩板——其宜采用由上至下、后倾上凸弧面，即适当增加合钩时上罩面积、适当减少下罩面积），接近下部观察灯处，若与观察灯组的特征形成呼应，能更好地促进车身轮廓的整体感。车身绿黄装饰色条，有利于丰富前脸相关特征的变化线索、分散其他装配缝线的既视感；但颜色宜与邻近色区增加调和。前大灯组件宜进行去尖角、圆润化处理（与对应处色彩应用协同调整）。车身顶部与周身欠缺过渡，稍显生硬。

图7　邮轮造型设计

在特大型产品设计开发中，由于技术力量全面，往往更重视发挥工业设计系统优化的作用，产品造型设计也更为合理。

图8　无人驾驶送货车造型设计

由于较普通车型减少了约束条件，车身更易呈现整体感。本例中轮瓦部分融入车身更好。

图9　放射性物料运输车

料厢底部增多悬空面积，并沿四周作对应变化处理，便于观察，拉开了料厢与驾驶室的空间距离。料厢结构与卡车前脸特征之间也存在统一线索，加之一致的色彩应用，均可促进造型整体感。

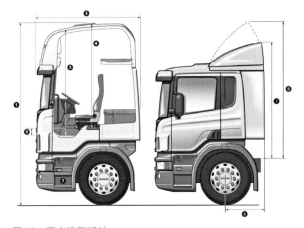

图10　重卡造型设计

模块通用化，降低产品系列化成本。

图11　3阶自动驾驶电动叉车

托架后置，行进驾驶视野更敞亮；不同的方向盘形式，提供更多适应性。

图12　数控机床

雅致的色彩选择搭配，结合细部弧线特征，营造宜人工作环境。

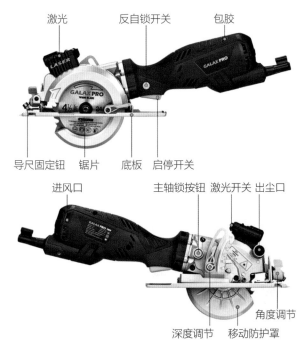

图13　迷你电圆锯

通过完整的模拟实施过程，合理安排造型特征，充分满足工作需求。手柄采用与锯框相同或相近的色彩，操作键采用基于同色相的明度对比色，能显著改善色彩体验。

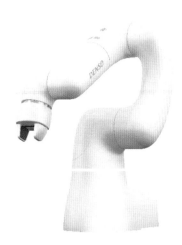

图14　装配机器人

通过优化机身零部件外观形状与装连关系，使整机轮廓更加拟人化。

图15　汽缸产品

缸体采用铝合金型材，便于产品规格系列化。端盖为铝合金压铸件，易与型材结构相配合。压铸件具有良好的造型实现性（包括形状特征和表面质量），型材也具备一定的造型实现性，使得中间工业产品也具备良好的外观品质。

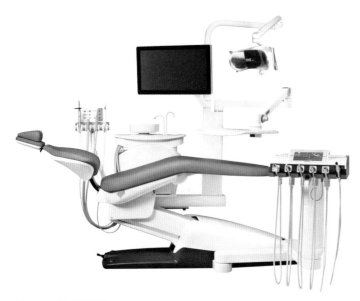

图16　一体式彩超机

对功能区做分割布置，灵活移位，提供更宜人的过程体验。

图17　电动爬楼梯轮椅

优雅造型，衬托生活品质，使产品更亲人。椅面、安全带均采用与机身相近的色彩会更好。

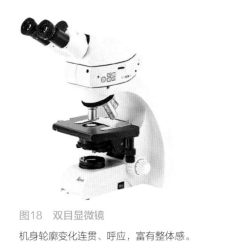

图18　双目显微镜

机身轮廓变化连贯、呼应，富有整体感。

图19　塑料油桶

桶身上的造型特征有利于递接和增加局部强度，桶盖与桶身色彩统一，色调敛雅。

图20　剪草机

适应功能需求，连贯圆润变化，整体感好。

图21　会议无线接发器

造型简洁，色彩雅致。在机身左上角，可增加Logo通过注塑成型），从而和右下显示屏特征组之间形成呼应。

图22　干手机

出风口角度利于使用。Logo及其下部的造型特征（有功能寓意），与机身迎面轮廓变化相谐调。

115

图23　儿童行李箱

功能集成以用途相近为宜，可以相互丰富功能效果，往往也能提高材料利用率。相反，则容易导致功能干涉和材料浪费。图示儿童行李箱，集成了游戏功能，造型视觉效果良好。将拉手改为倒锥形，会更适宜儿童使用。

图24　行李箱

拉链位于行李箱边框内，留出整理空间，避免夹住衣物。外箱面宜选用纯净低彩度复色。

图25　户外沙发、户外冰篮

现代科技支持塑料制品，具备较以往更为环保、更耐气候的优良特性；优秀设计可以保证塑料产品能提供结构性能足够可靠的宜人服务，呈现美观的形状和雅致的色彩。图示塑料户外用品，是丰富现代人高品质生活的优秀示例。

图26 镁泥花盆

镁泥花盆是一种复合材料制品，以氧化镁和卤水混合物为基，添加改性剂，将混合好的料浆抹在玻璃网布上（由百度词条"镁泥花盆"摘编。图中下部即为作为花盆内衬用的玻璃网布）。图示花盆造型简洁优美，色彩清雅。

图27 塑料花盆

相较于其他材质，塑料制品具有造型实现性优（包含形状和色彩。因为需要分模，塑料花盆盆口不宜内收），具有成形率高，原材料价格低等特点。

图28 实木休闲椅

实木榫卯结构，造型优美；但工艺复杂，人力参与多，且存在强度薄弱环节。研制适用的复合材料，零件利用模具成形，在造型上按受力关系设计对应方向断面结构，是可能的优化方案。

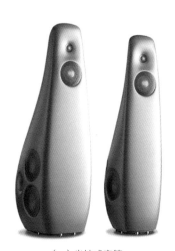

（a）坐地式音箱

（b）落地式音箱

图29 音箱

音箱主体是塑料材质，轮廓如音符一样优美，并且与音响功能相契合。除形状构思和分型设计之外，表面处理工艺是另一个要点，通过遮盖分型线，能获得完美的造型效果。

图32 电冰箱

功能区非对称布置，提供更多储藏适应性（中部的两个储框，还对形状变化的维度转换，起串接过渡作用），视觉上也有变化而不至于显得呆板。再结合内隐式拉手，使造型显得简洁、大方、富有整体感。

图30 食物加工机

机座框前端和手柄轮廓存在呼应关系，但均宜作圆润处理，二者色彩也宜统一为低彩度复色。

图31 烤面包机

轮廓简单、圆滑。侧面功能分区轮廓线在过按键以后，宜作消失线处理；底部凸缘中段，也宜作消失面处理，以增加变化。无彩色（白色，灰色或黑色）和基本色的配色工艺简单，但视觉效果会显得普通；为人类创造美的视觉体验，正是提高成色工艺的价值所在。

图33 净水器

玻璃材质，便于观察。顶盖与手柄外层塑料材质，与滤芯外壳相谐调。手柄与壶嘴在形态上整体均衡、细部呼应。壶嘴稍上扬，手柄轮廓向下延扩，会更利于使用。

图34 滴眼器

关注生活细节，提供更多便利。本例撑脚与座框连接处存在应力集中，过渡宜平缓。色彩宜与瓶体相近。

图35 猫咪自行按摩器

使用不干胶或墙钉，安装于墙外角，猫咪会自行按摩。

设计比赛获奖作品选例

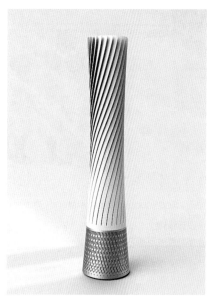

图1　Tri-Wheel Stair Walker（三轮楼梯助行器）

红点设计概念奖

助行器轮子前一后二布置，可以提供较为稳定的支撑。手柄可以根据行动姿势调整高度，框架可以根据楼梯结构调整角度。故助行器有良好的适应性。

图2　对流加热器

红点设计概念奖

对流加热器采用了创新的管状结构。由热量产生的温差会驱动独特的旋转散热器，旋转该散热器会产生空气对流。整体设计着重于流畅的线条，使用户在视觉上感受到热量的散布并迅速给房间加热。

图3　E-HARBOUR（海上移动太阳能充电站）

IF设计新秀奖

E-HARBOUR 充电站可为各种电动船舶提供充足的清洁能源。模块化设计可用于沿海社区的单个浮岛或集群。太阳能发电站的自发电式移动电源也可于海中配电。

图4　Self-supply Handwashing Station（洗手站）

IF设计新秀奖

许多发展中国家的农村缺乏洁净的自来水。本设备通过有机过滤和循环利用，提供可持续的清洁水源。

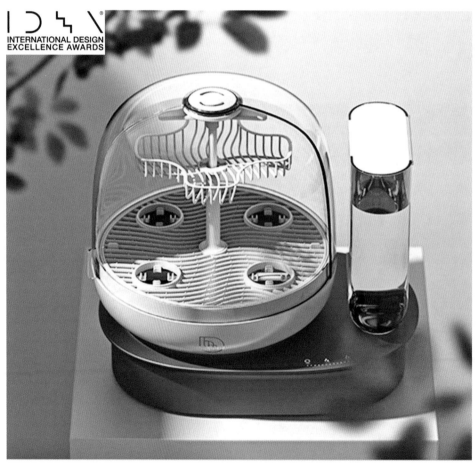

图5　Bottle Bath（奶瓶清洗机）

美国工业设计优秀奖（IDEA）

Bottle Bath是一款三合一的设备，只需一键，即可清洗、消毒、烘干婴儿奶瓶及相关配件。

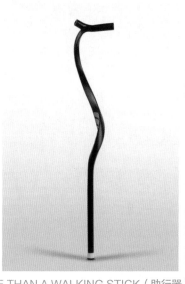

图6 LIFT-MORE THAN A WALKING STICK（助行器）

美国戴森设计大奖

这款现代助行器除了在行走时提供支撑外，它还有助于再次站立。它独特的形状，使其很容易安全地放置在墙上或桌子上。优雅的外观有助于提高社会对助行器的接受度。

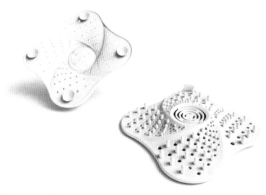

图7 防堵地漏（Combat the floor drain）

亚洲设计奖

利用产品表面柱子来防堵；产品底部有四个吸盘用来固定地漏；外观利用漩涡的造型用于加快水的流速。

图8 宠物按摩梳

红棉奖·产品设计奖

宠物按摩梳是一款针对宠物换毛期，梳毛和抚摸、按摩宠物多种功能相结合的梳子，可有效增加宠物与人的互动性。

　　学生参加设计比赛，宜从日常生活研究中发现人们的切实需要，以简洁的造型、简明的概念说明设计意图和实现原理；经指导老师检查，指出可能存在的缺陷（包括功能意义、原理可实现性、结构性能等），指导学生完善造型设计，达到对产品功能美、形式美、使用美、生态美和体验美的同步综合创造。参赛可以带动学生的学习热情，完成多方面的实践训练；获奖能够提升学生的专业兴趣、增强获得成功的信心。

参考文献

[1] 钱学森. 对技术美学和美学的一点认识 [J]. 技术美学，第1期. 1984.

[2] 吴火. 技术美学与工业设计 [M]. 天津：南开大学出版社，1986.

[3] 许喜华. 工业造型设计 [M]. 杭州：浙江大学出版社，1986.

[4] 徐恒醇. 技术美学 [M]. 上海：上海人民出版社，1989.

[5] 朱兰芝. 技术美学原理 [M]. 北京：经济日报出版社，1991.

[6] 张博颖. 技术美学研究现状及发展趋势. 天津：《天津社会科学》1994（06）.

[7] 庞志成，陈世家，庞坦. 工业造型设计 [M]. 哈尔滨：哈尔滨工业大学出版社，1998.

[8] 朱孝岳. 工业设计简史 [M]. 北京：中国轻工业出版社，1999.

[9] 简召全. 工业设计方法学 [M]. 北京：北京理工大学出版社，2000.

[10] 张博颖，徐恒醇. 中国技术美学之诞生 [M]. 合肥：安徽教育出版社，2000.

[11] 刘国余. 设计管理 [M]. 上海：上海交通大学出版社，2003.

[12] 杨正. 工业产品造型设计 [M]. 武汉：武汉大学出版社，2003.

[13] 柳冠中. 事理学论纲 [M]. 长沙：中南大学出版社，2005.

[14] 严扬. 汽车造型设计概论 [M]. 北京：清华大学出版社，2005.

[15] 凌继尧，徐恒醇. 艺术设计学 [M]. 上海：上海人民出版社，2006.

[16] 邵宏. 设计专业英语——西方艺术设计经典文选[M]. 北京：高等教育出版社，2006.

[17]（美）C·D·威肯斯，J·D·李，刘乙力. 人因工程学导论 [M]. 上海：华东师范大学出版社，2007.

[18] 孙守迁. 设计信息学 [M]. 北京：机械工业出版社，2008.

[19] 许喜华. 工业设计概论 [M]. 北京：北京理工大学出版社，2008.

[20] 陈根. 工业设计与产业升级 艺术中国 2009.

[21] 江建民，毛荫秋，毛溪水. 中英双语工业设计 [M]. 北京：中国建筑工业出版社，2009.

[22] 陈震邦. 工业产品造型设计 [M]. 北京：机械工业出版社，2010.

[23] 柳冠中. 设计方法论 [M]. 北京：高等教育出版社，2011.

[24] 高常青. TRIZ——发明问题解决理论 [M]. 北京：科学出版社，2011.

[25] 桂元龙，杨淳. 产品模型制作与材料 [M]. 北京：中国轻工业出版社，2017.

[26] 陈文龙，沈元. 产品设计 [M]. 北京：中国轻工业出版社，2019.

[27] 唐开军. 产品设计材料与工艺 [M]. 北京：中国轻工业出版社，2020.

[28] 桂元龙，杨淳. 产品设计 [M]. 北京：中国轻工业出版社，2020.

[29]（德）IMMANUEL KANT.《THE CRITIQUE OF JUDGEMENT》. LONDON: OXFORD UNIVERSIYU PRESS, 1985.

[30]（美）KARL T. ULRICH, STEVEN D. EPPINGER.《Product Design and Development》. 北京：机械工业出版社，2014.